图解大豆玉米
带状复合种植技术

高中强　高凤菊　主编

中国农业出版社
北 京

图书在版编目（CIP）数据

图解大豆玉米带状复合种植技术 ／ 高中强，高凤菊主编．—北京：中国农业出版社，2023.6（2025.9重印）
ISBN 978-7-109-30765-0

Ⅰ．①图… Ⅱ．①高…②高… Ⅲ．①大豆－栽培技术－图解②玉米－栽培技术－图解 Ⅳ．①S565.1-64 ②S513-64

中国国家版本馆CIP数据核字（2023）第096870号

中国农业出版社出版
地址：北京市朝阳区麦子店街18号楼
邮编：100125
责任编辑：孟令洋　郭晨茜
版式设计：杨　婧　责任校对：吴丽婷　责任印制：王　宏
印刷：中农印务有限公司
版次：2023年6月第1版
印次：2025年9月北京第6次印刷
发行：新华书店北京发行所
开本：880mm×1230mm　1/32
印张：5
字数：160千字
定价：30.00元

《图解大豆玉米带状复合种植技术》

编写委员会

主　　编　高中强　高凤菊

副 主 编　姚　远　蒋靖怡　刘　鑫　王延玲

编写人员　（按姓氏笔画排序）

王丹凤　王文莉　王延玲　王翰悦　牛蕴华

石　强　朱冠雄　刘　静　刘　鑫　刘光亚

刘爱君　李明晶　汪　丽　张　杰　杯　雪

姜兆伟　姚　远　高　波　高　祺　高　潇

高　霞　高中强　高凤菊　曹鹏鹏　董　婧

蒋靖怡　韩　伟　曾英松

前 言

　　粮食安全是"国之大者"。党的二十大作出了全面推进乡村振兴、加快建设农业强国的战略部署,明确提出要全方位夯实粮食安全根基。习近平总书记强调,保障粮食和重要农产品稳定安全供给始终是建设农业强国的头等大事。玉米和大豆作为我国重要的粮食、油料和饲料作物,如何利用农业技术成果改进和创新种植模式,缓解两者争地矛盾,实现高产高效,成为解决我国粮食安全问题的重要途径之一。

　　间套作是我国传统的农业技术瑰宝,是提高和保持粮食产量稳定的有效措施之一。大豆玉米带状复合种植技术是在传统大豆玉米间套作的基础上,以"选配品种、扩间增光、缩株保密"为核心,以"合理施肥、化控抗倒、绿色防控"为配套,充分利用玉米的边行优势,扩大大豆的受光空间,实现协同共生、一季双收。通过充分利用耕地资源,提高粮油产量和土地利用率,促进玉米和大豆增收增效。同时,利用大豆根瘤菌的固氮作用,培肥地力,提高氮肥利用率,改善作物生长条件与生态环境,减少化肥和农药的施用,经济、社会和生态效益显著。

　　大豆玉米带状复合种植技术作为一种高产高效的

农业栽培技术，2022年在河北、山西、内蒙古、江苏、安徽、山东、河南、湖北、湖南、广西、重庆、四川、贵州、云南、陕西、宁夏等16个省（自治区、直辖市）推广应用面积超1 500万亩。各地农技人员结合当地生产实际，筛选适宜品种、总结探索模式配比和农事措施，创造了一批高产典型和经验做法，起到很好的示范带动作用。

全书共分为5章，主要介绍大豆玉米带状复合种植技术发展及推广应用情况、主要种植模式、品种选配原则、栽培管理技术、机械收获技术等。笔者在总结本地区试验研究和推广经验的基础上，结合近年该技术在各地推广示范情况，对种植主体关心关注的问题进行系统总结，希望通过该技术的示范推广，实现良种良法配套、农机农艺融合、节本增效并重、生产生态协调，充分挖掘生产潜力，提高单产水平，促进现代农业强国建设。

本书图文并茂，可操作性强。读者对象主要是从事大豆玉米带状复合种植人员、科研和技术推广人员及农业院校师生。在成书过程中，笔者引用了散见于国内报刊上的许多文献资料，受篇幅所限，难以一一列举，在此谨对原作者表示谢意。

鉴于笔者水平有限，书中难免有疏漏之处，敬请同行专家和读者指正。

编　者

2023年3月

目录

1

第一章 ▶▶▶

概　述

第一节 　大豆玉米带状复合种植
技术及发展

大豆玉米带状复合种植技术是指采用玉米带与大豆带间作套种，充分利用玉米边行优势，实现年际间交替轮作，适应机械化作业、作物间和谐共生的一季双收种植模式，包括大豆玉米带状间作和大豆玉米带状套作两种类型。根据当地的多熟种植习惯及气候类型，带状套作主要分布在西南、西北、华南等光热条件较为充足的地区，通过套作实现一年两熟或一年三熟，如西南地区的小麦大豆玉米带状套作一年三熟、西北地区的小麦大豆带状套作一年两熟、华南的春大豆间春玉米套夏大豆一年三熟等模式。带状间作通常同期播种、同期收获，熟制不增加，在黄淮海、西南、华南及西北地区均有分布。

大豆玉米带状复合种植技术用途广泛，不仅可用于粮食主产区籽粒型大豆、玉米生产，解决当地的粮食供应问题，还可用于沿海地区或都市农业区鲜食型大豆、玉米生产，结合冷冻物流技术，发展出口型农业，解决农民增收问题。在畜牧业较发达或农牧结合地区，可利用大豆、玉米混合青贮技术，发展豆玉畜循环农业。

一、背景意义

（一）提升我国大豆产能

大豆是我国重要的粮油饲兼用作物，在我国已有 5 000 多年的栽培历史，因其富含蛋白质、脂肪及其他多种成分，被广泛用作粮食、油料、饲料和蔬菜，是营养价值较高的农产品之一。随着人民生活水平逐步提高，消费方向持续转型升级，全国大豆消费形势增长迅猛，产需缺口持续加大。2021年，国内大豆产量1 640万吨，比上年减少320万吨，减幅16.4%；大豆消费量11 138万吨，产需缺口接近9 500万吨。近年来，随着玉米等竞争性作物价格升高，"粮豆争地"矛盾日益凸显，加之进口大豆涌入，挤压国内大豆生产发展空间，大豆产业发展面临诸多困难。

> 加大对大豆高产品种和玉米、大豆间作新农艺推广的支持力度。
>
> （2020年中央一号文件）
>
> 集中支持适宜区域、重点品种、经营服务主体，在黄淮海、西北、西南地区推广玉米大豆带状复合种植。
>
> （2022年中央一号文件）
>
> 扎实推进大豆玉米带状复合种植，支持东北、黄淮海地区开展粮豆轮作，稳步开发利用盐碱地种植大豆。
>
> （2023年中央一号文件）

2021年10月21日，习近平总书记视察山东省黄河三角洲农业高新技术产业示范区时，嘱托科研人员要努力在关键核心技术和重要创新领域取得突破，将科研成果加快转化为现实生产力。面对当前风云变幻的国际政治经济形势，考虑到国内大豆巨大的需求缺口，国家提出了加快大豆产能提升的战略部署，通过持之以恒狠抓国内大豆自给能力，逐步缓解大豆供需矛盾，保障国家粮食安全和生态安全。农业农村部部长唐仁健指出，"大豆玉米带状复合种植很大程度上解决了我国玉米大豆争地这个纠结多年的现实矛盾，大力推广大豆玉米带状复合种植是决定大豆恢复成败的关键之举。"

要大力发展大豆油料，选育优良品种，推广大豆玉米带状复合种植，多措并举扩面积、提产量。

——中央农办主任，农业农村部
党组书记、部长 唐仁健

　　通过实施大豆玉米带状复合种植技术，可以实现稳粮增豆，是扩大大豆种植面积、提升大豆产能的有效途径，对保障国家粮食安全具有重要战略意义。

（二）促进种植结构调整

　　新形势下，我国农业的主要矛盾已经从总量不足转变为结构性过剩，主要表现为阶段性、结构性的供过于求和供给不足并存。粮食生产作为国家的战略产业，是国民生产和国家发展的必要条件。我国农业长期以来实行藏粮于仓、藏粮于民、以丰补歉的策略，通过尽可能扩大粮食播种面积和提高单产来提高粮食产量。但我国粮食总产量基数大、主要农产品国内外市场价格倒挂、供给与需求错配的现状严重制约了农业健康发展。因此，推进农业供给侧结构性改革，提高农业供给体系质量和效率，科学合理调整作物种植结构，是当前和今后一个时期农业农村经济发展的重要内容。种植结构是农业生产的基础结构，经济新常态下，进行农业供给侧结构性改革，要重点加快优化调整种植业结构，推动种植业转型升级，促进农业可持续发展。

　　大豆、玉米是我国重要的大宗粮食、油料、饲料作物，保障大豆、玉米有效供给对保障我国人民健康、社会稳定和经济发展具有十分重要的战略意义。我国大豆常年需求量1.1亿吨，玉米3.3亿吨，以净作生产方式满足国内消费需求，需用近15亿亩耕地，依靠大幅度增加净作面积提高大豆、玉米自给率难度较大。如何在稳定玉米种植面积和产量的基础上提高大豆自给率，大豆玉米带状复合种植技术成为探索大豆玉米兼容发展、协调发展，乃至相向发展的科学路径。

（三）促进农业可持续发展

间套作种植是我国传统农业的精髓，相对于单一种植模式，间套作种植能够增加农田生物多样性和作物产量，提高生产力的稳定性和耕地复种指数，高效利用光、热、水分和养分等资源，投入风险小且产值稳定，能使单位面积土地获得较大的经济效益。不同作物间套作种植，还能减少病虫草害的发生，减少农药化肥施用量，提高生态效益。

豆科作物和禾本科作物间作种植体系是我国传统农业的重要

组成部分。该体系能够充分利用豆科作物的共生固氮作用，使间作优势更加明显。大豆玉米带状复合种植有利于实现大豆和玉米共生群体的高产高效，进一步提高有限耕地的复种指数、提高间作大豆的整体生产水平，全面实现增收增效。在带来较高的经济效益和生态效益的同时，又能为畜牧业的发展提供优质饲料，从而促进农业和畜牧业的协调、稳定、可持续发展，对高效利用资源环境、发展可持续生态农业具有重要的意义。

（四）助力乡村产业振兴

2017年，党的十九大提出乡村振兴战略，《中共中央国务院关于实施乡村振兴战略的意见》指出，乡村振兴，产业兴旺是重点。乡村振兴要以农业供给侧结构性改革为主线，加快构建现代农业产业体系、生产体系、经营体系，提高农业创新力、竞争力和全要素生产率，深入推进农业绿色化、优质化、特色化、品牌化，调整优化农业生产力布局，推动农业由增产导向转向提质导向。构建农村一二三产业融合发展体系，大力开发农业多种功能，延长产业链、提升价值链、完善利益链，重点解决农产品销售中的突出问题，最终实现节本增效、提质增效、绿色高效，提高农民的种植积极性，促进农民增收，助力乡村振兴。

乡村振兴，产业先行。2022年中央一号文件提出全面推进乡村振兴必须着眼国家重大战略需求，稳住农业基本盘、做好"三农"工作，接续全面推进乡村振兴，确保农业稳产增产、农民稳步增收、农村稳定安宁，扎实有序做好乡村发展、乡村建设、乡村治理重点工作，推动乡村振兴取得新进展、农业农村现代化迈出新步伐。

大豆玉米带状复合种植技术，以其良好的增产增收及种养结合效果，成为国家转变农业发展方式、发展乡村振兴战略的重要技术储备，为解决粮食主产区大豆和玉米争地问题，实现大豆玉米双丰收，提高我国大豆供给能力和粮食主产区综合生产能力，保障我国粮油安全和农业可持续发展，找到了新的增长点，也为大豆产业振兴提供了新动能。

 二、发展现状

　　针对传统大豆玉米间套作存在的田间配置不合理、大豆倒伏严重、施肥技术不匹配、病虫草害防控技术难、机械化程度低等问题，四川农业大学杨文钰教授团队通过多年技术攻关并开展多点试验，研发出以"品种选配、扩间增光、缩株保密"为核心，以"合理施肥、化控抗倒、绿色防控"为配套的大豆玉米带状复合种植技术体系，能够在尽量不减少玉米产量的同时增收一季大豆，实现大豆、玉米协同发展，具有较好的社会、经济和生态效益。该技术2003—2021年在全国累计推广9 000多万亩，连续12年入选农业农村部主推技术，2019年遴选为"国家大豆振兴技术"重点推广技术。2020年中央一号文件提出"加大对玉米、大豆间作新农艺推广的支持力度"，2021年《"十四五"全国种植业发展规划》明确将大豆玉米带状复合

种植列为东北、黄淮海等地区大豆扩面增产的主推技术，2022年、2023年连续两年将这项主推技术写入中央一号文件，并在黄淮海、西北、西南地区大力推广。

2022年，农业农村部在河北、山西、内蒙古、江苏、山东、河南、湖南、广西、重庆、四川、贵州、云南、陕西、宁夏等16个省（自治区、直辖市）推广大豆玉米带状复合种植技术，安排1 500万亩的示范任务，并对16个承担推广示范任务的省（自治区、直辖市）实施补贴，中央财政按照150元/亩标准进行补贴，各省（自治区、直辖市）结合实际情况对本地区承担推广示范任务的生产经营主体叠加补贴，并将用于大豆玉米带状复合种植的播种、植保、收获等符合要求和标准的新机具纳入农机购置与应用补贴范围。相关省份统筹整合各方面资金投入，在高标准农田建设、基层农技推广服务体系建设、病虫害防控、绿色高质高效创建、产业集群建设、高素质农民培训、农田宜机化改造、产粮产油大县奖励等资金方面，对大豆玉米带状复合种植项目给予重点支持。

2022年，全国累计推广大豆玉米带状复合种植面积超1 500万亩，超额完成示范推广任务。全国农业技术推广服务中心线上调度了16个省（自治区、直辖市）4 059个示范户产量情况，结果表明，大豆玉米带状复合种植全国大豆平均亩产96千克、玉米平均亩产509千克。

三、与传统间作套种技术区别

大豆玉米带状复合种植技术与传统玉米间作套种技术主要有3点区别。

(一)田间配置方式不同

主要体现在3个方面：一是带状复合种植采用2～3行玉米、2～6行大豆进行行比配置，年际实行带间轮作，而传统间套作多采用单行间套作，即1行（玉米）：2行（大豆）或多行：多行的行比配置，无法进行年际带间轮作。二是带状复合种植的两个作物带间距大、作物带内行距小，降低了高位作物对低位作物的荫蔽影响，有利于增大复合群体总密度；而传统间套作的作物带间距与带内行距相同，高位作物对低位作物的荫蔽影响大，复合群体密度增加难度大。三是带状复合种植的株距小，高位作物玉米

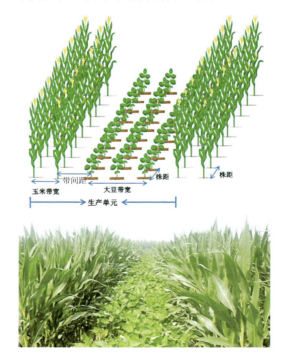

带的株距要缩小至保障复合种植玉米的密度与单作相当，而大豆株距要缩小至大豆密度达到单作种植大豆密度的70%以上，实现尽可能多产大豆的目标；而传统间套作模式一般采用同等大豆行数替换同等玉米行数，株距也与单作株距相同，使得一种作物的密度相较于单作大幅降低甚至只有单作的一半，产量达不到单作水平，间套作的优势不明显。

（二）机械化程度不同

大豆玉米带状复合种植通过扩大作物带间宽度至播种、收获机具机身宽度，大大提高了机具作业的通过性，实现播种、收获环节机械化，不仅生产效率接近单作，而且降低了间套作复杂程度，有利于标准化、规模化生产。传统间套作受行比影响，生产粗放、效率低，有的因1行：1行（或多行）条件下行距过小或带距过窄无法机收，有的为了提高机具作业性能设计多行：多行，导致作业单元过宽，间套作的边际优势与补偿效应得不到充分发挥，限制了土地产出功能，土地当量比仅仅只有1～1.2（1亩地产出1～1.2亩地的粮食），有的甚至小于1。大豆玉米带状复合种

植为了实现独立收获与协同播种施肥需求，对机具参数有2个特定要求：一是作物收获机的整机宽度要小于共生作物相邻带间距离，以确保该作物收获时顺畅通过；二是一般播种机要有2个玉米单体，且单体间距离不变，但可根据区域生态和生产特点的不同能调整玉米株距、大豆行数和株距，尤其是必须满足密度要求的最小行距和最小株距；同时根据大豆、玉米需肥量的差异和玉米小株距，播种机的玉米肥箱要大、下肥量要多，大豆肥箱要小、下肥量要少。

（三）土地产出目标不同

间套作的最大优势就是提高土地产出率。大豆玉米带状复合种植本着作物和谐共生、协同增产的目的，玉米不减产，多收一季大豆，大豆、玉米的各项农事操作协同进行，最大限度减少单一作物的农事操作环节，尽量减少成本、增加产出，提高投入产出比。该模式不仅发挥了豆科与禾本科作物间套作根瘤固氮培肥地力的作用，还通过优化田间配置，充分发挥玉米的边行优势，降低种间竞争，提升大豆、玉米种间协同功能，使其资源利用率大大提高，系统生产能力显著增强。大豆玉米带状复合种植系统下单一作物的土地当量比大于1或接近1，系统土地当量比在1.4以上，而传统间套作种植偏向当地优势作物生产能力的发挥，另一作物的功能则以培肥地力或填闲为主，生产能力较低，其产量远低于当地单产水平。

四、技术优势

大豆和玉米是同季作物，生长所需的光温水热条件相似，因此适宜玉米栽培的区域大多能满足大豆玉米带状复合种植技术的种植条件。通过大豆和玉米带状复合种植，能最大程度利用土地资源，提高光温水肥利用率，实现大豆玉米协同增产和周年高产。另外，大豆玉米带状复合种植技术还实现了农机农艺相结合，种管收全程机械化，提高了生产效率，保证了高产与高效相统一；该技术还能降低病虫害发生，减少化肥农药使用，因而具有降低种植成本、改善生态环境、确保粮食生产安全、实现农业可持续发展等优势。

（一）增产增收

大豆玉米带状复合种植技术依托的是四川农业大学创建的大豆玉米带状复合种植"两协同一调控"理论体系，该体系揭示了"高位主体、高（玉米）低（大豆）协同"光能高效利用新机制，阐明了复合系统"以冠促根、种间协同"利用氮、磷的生理生态机制，提出了耐阴抗倒大豆理想株型参数，形成了光环境、基因型与调节剂三者有机结合的低位作物株型理论，研发出了"选配品种、扩建增光、缩株保密"核心技术。根据这些理论与技术提出2行密植玉米带与2～6行大豆带交替复合种植，能更好地利用光和肥，更能充分发挥生物多样性和机械化作业效果。玉米受光空间由净作的平面受光变成了立体多面受光，行行具有边际优势；大豆受光量显著增大，边际劣势降低；种管收机械化作业，更便于规模化种植，实现玉米不减产、亩多收大豆100～150千克，1亩地约产出1.5亩地的粮食，光能利用率和土地产出率大大提高。

2022年农业农村部组织专家在各地实收测产（3亩地以上面积），其中，四川省遂宁市安居区奉光荣家庭农场带状套作大豆亩产180.2千克、玉米亩产617.7千克；山东省禹城市辛店镇大周庄村带状间作大豆亩产165.1千克、玉米亩产633.8千克；安徽省太和县带状间作大豆亩产157.0千克、玉米亩产543.0千克。

（二）提质增效

大豆玉米带状复合种植通过全程机械化作业，大大提高了生产效率。如研制出了适宜带状间作套种的播种机、植保机及收获机，实现了播种、田间管理与收获全程机械化；通过扩大带间距离，调整农机农艺参数，提高了播种收获机具的通过率和作业效率，有效缓解农村劳动力紧缺的压力，提高了农业机械化水平，实现提高经济效益与促进机械化水平的并行。

大豆、玉米一体化播种

多年多点专家测产结果表明，该技术在保证玉米基本不减产的基础上，每亩多收带状套作大豆130～150千克或带状间作大豆100～130千克。大豆玉米带状复合种植较单作玉米每亩成本增加200元左右，亩产值提高500～600元，亩利润提高300～400元；鲜食大豆玉米带状复合种植亩均增效1 300元左右；青贮饲用大豆玉米带状复合种植亩均增效1 100元左右。2021年，经四川省农村科技发展中心组织专家对仁寿县现代粮食产业示范基地百亩连片大豆玉米带状复合种植测产，玉米实收平均亩产569.6千克，大豆实收平均亩产122.3千克，两作物合计平均亩增产值686.8元，新增成本224元（种子64元、化肥农药60元、机械服务100元），每亩可新增利润462.8元；山东省肥城市农业农村局邀请专家对双北农业种植专业合作社的千亩大豆玉米带状复合种植示范片实收测产，玉米亩产542.1千克、大豆亩产114.4千克，相对当地净作玉米种植，带状间作每亩新增产值约700元，新增成本224元（种子64元、化肥农药60元、机械服务100元），玉米产值降低约120元，每亩约新增利润356元。

（三）持续发展

大豆玉米带状复合种植的生态效益明显。带状复合种植群体通过增加生物多样性，改变作物单作田间小气候状况，影响病虫害发生环境，减轻了生态可塑性较小的病虫害的发生概率，而且间作种植的作物种类增多，因害虫天敌增多而减轻虫害，使得农药施用量减少25%，用药次数减少3～4次。相较于传统玉米甘薯套作可以减少土壤流失量10.8%，减少地表径流量85.1%；相对于传统玉米单作可以增加土壤有机质含量20%，增加土壤总有机碳7.24%，增加作物固碳能力18.6%，使年均氧化亚氮和二氧化碳排放强度分别降低45.9%和15.8%；大豆的固氮作用和轮作效应使土壤有机质含量增加9.8%，根瘤固氮提高9.2%，每亩较玉米单作减施纯氮4千克以上。

第二节　大豆玉米带状复合种植技术推广应用情况

一、2022年高产竞赛情况

2022年是启动实施国家大豆和油料产能提升工程的第一年，为挖掘我国大豆增产潜力、探索提高单产路径，年初以来，农业农村部组织开展全国大豆高产竞赛，设"金豆王""奋豆者""豆明星"三大奖项，经各省份推荐，全国大豆高产竞赛组委会复核，全国共评选出"金豆王"30名，分净种春播、净种夏播和复合种植三种类型各10名（表1-1），"奋豆者"30名、"豆明星"50名（《关于2022年全国大豆高产赛情况的通报》，农农（油料）[2022] 11号）。

表1-1　2022年全国大豆高产竞赛"金豆王"名单

排名	地点	示范面积（亩）	实收面积（亩）	亩产（千克）	主体
春播净作					
1	新疆兵团第四师	2 120	44.0	442.0	种植大户
2	辽宁喀左县	100	3.1	334.4	合作社
3	吉林双辽市	135	4.4	318.4	合作社
4	北大荒八五四农场	235	17.2	311.2	种植大户
5	河北双桥区	100	3.0	308.3	种植大户
6	内蒙古扎赉特旗	200	3.3	303.4	合作社
7	辽宁喀左县	1 000	19.5	301.5	合作社
8	湖南安乡县	310	3.8	282.6	合作社
9	北大荒建设农场	153	50.6	272.8	农业科技园
10	黑龙江庆安县	300	300.0	270.8	种植大户
夏播净作					
1	江苏响水县	620	8.4	368.3	家庭农场
2	山东嘉祥县	126	3.3	358.7	种植大户
3	山东鄄城县	194	3.2	350.6	合作社
4	河北无极县	200	3.4	349.2	家庭农场
5	河北藁城区	3 500	3.9	340.6	种业公司
6	河南获嘉县	1 500	4.6	339.1	家庭农场
7	湖北洪湖市	200	3.0	336.1	种植大户
8	安徽灵璧县	150	3.2	308.9	种植大户
9	安徽涡阳县	300	3.4	301.7	合作社
10	新疆兵团第一师	114	6.0	291.4	种植大户

（续）

排名	地点	示范面积 （亩）	实收面积 （亩）	亩产（千克）	主体
		带状复合种植			
1	山东禹城市	220	3.8	165.1 + 633.8	种植大户
2	安徽太和县	200	3.5	157.0 + 543.1	合作社
3	江苏睢宁县	160	7.2	155.0 + 675.0	合作社
4	山西翼城县	115	4.0	154.5 + 604.6	农业企业
5	湖南汨罗市	2 080	3.8	140.9 + 486.9	种植大户
6	河北藁城区	180	3.0	139.5 + 586.1	家庭农场
7	安徽蒙城县	500	3.1	139.4 + 518.6	种植大户
8	山西武乡县	257	3.0	137.3 + 511.1	种植大户
9	河北无极县	120	3.1	135.7 + 697.1	家庭农场
10	内蒙古九原区	240	5.5	128.8 + 802.4	合作社

注：复合种植产量指"大豆+玉米"的产量。

 ## 二、存在问题

（一）机械问题

大豆玉米带状复合种植对农机装备要求较高，目前专用机械供给量少、价高，作业效果不佳。加之部分大户对项目的可持续性存疑，导致专用机械购置意愿不高，多采取原有机械改装方式进行播种、管理、收获，导致产量、质量提高困难。

1. 播种环节　大豆玉米带状复合种植模式多样，机具市场过于细分，提高了研发和制造成本。目前，适宜麦后直播的大豆玉米一体化精量播种机主要是4∶2(行比)模式，价高量少。据调查，山东

大豆玉米一体化精量播种机

省大豆玉米带状复合种植专用播种机械播种面积为106万亩，占总面积的63%。

2. 植保环节　除草是大豆玉米带状复合种植中一项技术要点和难点。大豆为豆科双子叶作物，玉米为禾本科单子叶作物，两者除草剂不兼容，苗后除草需要专用机械或在原有机械的基础上加装隔离装置。然而，一次性苗后除草机械，已纳入农机补贴的生产厂家少，需要订单生产，尚未在生产上大面积推广；原有除草机加装隔帘除草效果不好，易产生飘移药害，机械不配套增大了除草难度和成本。此外，大部分喷药机械无法实现一次喷药大豆玉米双防，生长后期玉米株高较高，喷杆机械无法进地作业，无人机作业效果也受到影响。

加装物理隔帘的除草机械

3. 收获环节　市场暂无大豆玉米同时收割机械，与复合种植配套的中小型收获机械较少，需要用两种机械分开收，效率低、成本高，对土壤的碾压程度大。目前，现有玉米收获机械多为大功率收获机，应用在复合种植田块中，收割机在收获时"半幅作业"，影响效率，加之缺乏大豆专用收获机械，农户采用小麦收割机收获大豆，收获损失率、破碎率、含杂率均较高，影响大豆品质及收购价格。

（二）播种质量问题

在农业生产中，影响播种质量的因素较多，除了专用播种机械较少外，还有以下几点因素影响播种质量。

一是适墒播种。大豆播种出苗对土壤墒情要求较高，影响了大豆玉米带状复合种植的总体播种质量。二是播种密度要求高。大豆玉米带状复合种植，以4∶2模式为例，播种时大豆行距30～40厘米、株距10厘米，有效株数9 200～10 000株/亩，玉米密度应与单作相当，行距40厘米、株距10厘米，有效株数4 600～5 100株/亩，这样才能保证收获时的有效株数可达大豆7 800～8 500株，玉米4 100～4 600株。三是农机手操作技术。由于培

农机操作不规范影响播种质量

训不到位，机械播种和成熟收获过程中常常会出现农机运行速度快、操作不规范等问题，导致播种时有缺苗断垄现象、影响播种质量，收获时损失增加、影响收益。

大豆出苗质量不好

缺苗断垄现象

（三）田间管理问题

1. **化学除草**　大豆玉米带状复合种植化学除草，最好选择播后苗前封闭除草，易于操作，但也存在播种时干旱高温、麦秸量大、喷水量不足等原因，导致封闭除草效果不好，需进行苗后化学除草。由于现阶段还没有适宜禾本科和双子叶作物的共用除草剂，苗后大豆、玉米需要分别除草，农户多采用在喷雾装置上加装物理隔帘的方式，将大豆、玉米隔开施药，对行间杂草进行定向喷雾，这不仅增加了用工和农药投入，而且作业难度大，容易产生除草剂飘移，产生药害。同时因没有一次性苗后除草专用机械时需要两次作业，增加了管理成本，影响了农民种植积极性。

田间杂草防除难度大

2. 控旺防倒　间作大豆容易旺长，导致田间郁闭落花落荚，后期更易倒伏，影响机械收获，并造成减产。如何根据大豆长势，在开花前进行化控，选择合适的化学调控试剂和适宜的调控时间，实现控旺防倒，生产上还有待进一步试验。

3. 病虫害防治　种植主体对大豆病虫害发生规律和防治技术掌握不足，且大豆玉米存在高度差，无人机飞防对大豆虫害防治效率低，部分地块病虫害发生严重。近几年，点蜂缘蝽成为大豆的主要虫害，但目前对点蜂缘蝽预防没有引起高度重视，没有实现统防统治，影响了大豆的产量和品质。

（四）种植意愿

2022年，是大面积普推大豆玉米带状复合种植新技术的第一年，实施主体普遍存在信心不足的情况。前期虽开展了大量技术培训，但种植主体多数对技术原理掌握不透彻，甚至将此项技术简单理解为间套种，玉米种植密度低，种植模式多且乱，增加了田间管理难度，影响了生产积极性。此外，单作玉米的机械化程度高，管理相对简单；而大豆玉米带状复合种植在播种收获、田间管理关键环节技术相对复杂，增加了种植成本和管理难度，也对种植意愿造成一定影响。

 ## 三、推广前景

近年，我国大豆种植面积有所上升，但仍存在较大产需缺口。在实打实地调整结构、扩种大豆和油料作物的今天，大豆玉米带状复合种植技术推广发展迎来了新的机遇。

2021年12月29日农业农村部印发《"十四五"全国种植业发展规划》，再次提出："到2025年推广大豆玉米带状复合种植面积5 000万亩（折合大豆种植面积2 500万亩），扩大轮作规模，开发盐碱地种大豆，力争大豆播种面积达到1.6亿亩左右，产量达到2 300万吨左右，推动提升大豆自给率。"2022年，全国大豆玉米带状复合种植技术推广1 500万亩，明确下达到16省（自治区、直辖市）。

2022年中央一号文件明确提出，大力实施大豆和油料产能提升工程。加大耕地轮作补贴和产油大县奖励力度，集中支持适宜区域、重点品种、经营服务主体，在黄淮海、西北、西南地区推广大豆玉米带状复合种植。合理保障农民种粮收益，稳定玉米、大豆生产者补贴政策。推进补贴机具有进有出、优机优补，重点支持粮食烘干、履带式作业、大豆玉米带状复合种植、油菜籽收获等农机，推广大型复合智能农机。

　　2023年中央一号文件再次提到，加力扩种大豆油料。深入推进大豆和油料产能提升工程。扎实推进大豆玉米带状复合种植，支持东北、黄淮海地区开展粮豆轮作，稳步开发利用盐碱地种植大豆。完善大豆玉米生产者补贴，实施好大豆完全成本保险和种植收入保险试点。

　　随着近几年国家发展农业支持政策惠农政策的支持力度加大，配套的种管收机械、田间管理技术的日益成熟，大豆玉米带状复合种植技术的应用前景将更加广阔。

2 第二章

大豆玉米带状复合种植主要模式

第一节　模式选择

科学配置行比既是实现玉米不减产或少减产、亩多收100千克以上大豆的根本保障，同时也是实现农机农艺融合、平衡产量和效益的必然要求。4：2为主导模式（大豆：玉米行比配置，下同），各地可选择适宜当地气候、生产条件的其他行比配置。黄淮海和西北地区可选择6：2、6：4，西南及南方地区可选择3：2、2：2（带状套作）。所有行比配置：大豆与玉米间距60～70厘米，大豆行距30厘米，玉米行距40厘米，4行玉米中间两行玉米行距80厘米。

（一）河北省

优先推荐4：2模式，即大豆4行、玉米2行。各地根据种植条件也可采用大豆4行或6行、玉米4行模式，山区及丘陵地带灵活掌握。种植方向推荐选用南北行。

4：2模式：生产单元宽度270～290厘米，大豆行距30～40厘米，玉米行距40厘米，玉米与大豆间距70厘米。

4：2模式图

6：4模式：生产单元宽度420厘米，大豆行距30厘米，玉米行距50厘米，玉米与大豆间距60厘米。大豆、玉米均可以采用大小行种植，调整行距。

4：4模式：生产单元宽度380～410厘米，大豆行距30～40厘米，玉米行距50厘米，大豆与玉米间距70厘米。大豆、玉米均可以采用大小行种植，调整行距。

(二) 山西省

4：2模式：生产单元宽度250～270厘米，大豆行距30厘米，玉米行距40厘米，大豆与玉米间距60～70厘米。

3：2模式：生产单元宽度220～240厘米，大豆行距30厘米，玉米行距40厘米，大豆与玉米间距60～70厘米。

3：2模式图

6：4模式：生产单元宽度430厘米，大豆种植6行，行距30厘米；玉米种植4行，按照行距40—70—40厘米的不等行距种植，大豆与玉米行间距65厘米。麦后复播大豆玉米6：4带状复合种植的生产单元宽度500厘米，两带幅宽250厘米的地块分别相间种植6行大豆和4行玉米，玉米行距按照40—100—40厘米的宽窄行种植，大豆36厘米等行距种植，大豆与玉米间距70厘米。

4：4模式：生产单元宽度420厘米，大豆行距40厘米，玉米按照50—70—50厘米的不等行距种植，大豆与玉米间距65厘米。

5：4模式：生产单元宽度500厘米，两块幅宽250厘米的地块分别相间种植5行大豆和4行玉米。大豆45厘米等行距种植，玉米按照40—100—40厘米的宽窄行距种植，大豆与玉米间距70

厘米。

玉米起垄地膜覆盖膜侧种植模式：以大豆玉米3：2带状复合种植模式为基础，玉米带起垄覆膜，膜宽小于带宽，玉米播于膜外两侧。

（三）内蒙古自治区

4：2模式：生产单元宽270厘米，大豆边行与玉米边行间隔70厘米左右，玉米行距40厘米，大豆行距30厘米。

4：4模式：生产单元宽390厘米，大豆边行与玉米边行间隔70厘米左右，玉米采用宽窄行种植，小行距40厘米，大行距80厘米，大豆行距30厘米。

6：2模式：主要在大豆主产区推广，为垄作模式，垄底宽1.1米，为3垄大豆＋1垄玉米，生产单元为4垄，总宽4.4米。玉米为垄上2行，行距为40厘米或50厘米；大豆为垄上2个苗带，苗带宽16厘米左右，2个苗带间隔20厘米左右。

6：2模式图

6：4模式：主要在大豆主产区推广，为垄作模式，垄底宽1.1米，为3垄大豆＋2垄玉米，生产单元为5垄，总宽5.5米。玉米为垄上2行，行距为40厘米；大豆为垄上2个苗带，苗带宽16厘米左右，2个苗带间隔20厘米左右。

8：2模式：主要在大豆主产区试验示范，为垄作模式，垄底宽1.1米，为4垄大豆＋1垄玉米，生产单元为5垄，总宽5.5米。玉米为垄上2行，行距为40厘米；大豆为垄上2个苗带，苗带宽16厘米左右，2个苗带间隔20厘米左右。

8：2模式图

（四）江苏省

4：2模式：一个生产单元4行大豆、2行玉米，生产单元宽度2.7米。大豆行距30厘米，玉米行距40厘米，大豆带与玉米带间距70厘米。

4：4模式：一个生产单元4行大豆、4行玉米，生产单元宽度4米。大豆行距30厘米，玉米行距40—90—40厘米，大豆带与玉米带间距70厘米。

4：4模式图

（五）安徽省

4：2模式：一个生产单元4行大豆、2行玉米，生产单元宽度为2.7米，大豆行距30厘米，玉米行距40厘米，大豆带玉米带间距70厘米。

6：4模式：一个生产单元6行大豆、4行玉米，单元宽度为5米，大豆行距40厘米，玉米行距60厘米，大豆带玉米带间距60厘米。

（六）山东省

4：2模式：实行4行大豆带与2行玉米带复合种植。生产单元270厘米，其中，大豆行距30厘米，玉米行距40厘米，大豆带与玉米带间距70厘米。

4∶3模式：实行4行大豆带与3行玉米带复合种植。生产单元330～345厘米，其中，大豆行距30～35厘米，玉米行距50厘米，大豆带与玉米带间距70厘米。

4∶3模式图

6∶3模式：实行6行大豆带与3行玉米带复合种植。生产单元390厘米，其中，大豆行距30厘米，玉米行距50厘米，大豆带与玉米带间距70厘米。

6∶3模式图

（七）河南省

4∶2模式：一个生产单元4行大豆、2行玉米，宽度2.7米。大豆行距0.3米，玉米带与大豆带间距0.7米，玉米行距0.4米。

6∶4模式：一个生产单元大豆6行、玉米4行，宽度4.5米。大豆带行距0.3米，玉米带与大豆带间距0.7米，玉米带实行宽窄行种植，中间行距0.8米，两边行距各0.4米。该模式可利用现有谷物联合收获机收获大豆，作业效率较高，生产成本低，可获得较高的大豆产量。

6：4模式图

（八）湖北省

4：2模式：平原及岗地地区单元宽2.5米，大豆种植4行，行距30厘米，大豆与玉米间距60厘米，玉米行距40厘米，种植2行。低山及二高山地区单元宽2.6米，大豆种植4行，行距33厘米，大豆与玉米间距60厘米，玉米种植2行，行距40厘米。

（九）湖南省

主推模式一（大豆：玉米＝3：2）：本模式以3行大豆与2行玉米形成一个生产单元，生产单元的一侧种3行大豆，另一侧种2行玉米。根据播种机确定生产单元宽2.2～2.4米，大豆与玉米间距60～70厘米。大豆行距30厘米，机械播种株距7～9厘米，单粒播；人工播种穴距14～18厘米，每穴播种2～3粒。玉米行距40厘米，机械播种株距11～15厘米，单粒播；人工播种穴距22～30厘米，每穴下种2～3粒。

主推模式二（大豆：玉米＝4：2）：根据播种机确定生产单元宽2.5～2.6米。大豆与玉米间距60～70厘米，大豆行距30厘米，机械播种株距9～11厘米，单粒播；人工播种穴距18～22厘米，每穴播种2～3粒。玉米行距40厘米，机械播种株距10～13厘米，单粒播；人工播种穴距20～26厘米，每穴下种2～3粒。

带状间作模式（大豆：玉米＝6：4）：

本模式以6行大豆和4行玉米形成一个生产单元，每两厢种6行大豆、4行玉米。生产单元宽度4.4～4.8米，大豆、玉米带间距60～70厘米，大豆行距30厘米，玉米行距40～60厘米。大豆机械播种株距7～9厘米，单粒播；人工播种穴距14～18厘米，每穴下种2～3粒。玉米机械播种株距11～15厘米,单粒播;人工播种穴距22～30厘米,每穴下种2～3粒。

(十) 广西壮族自治区

3:2模式:每个生产单元宽2.4～2.6米,大豆带宽1.2～1.4米,玉米带宽1.2米,大豆、玉米带间距70厘米(开沟宽40厘米),玉米行距40厘米,大豆行距30～40厘米。

2:2模式:每个生产单元宽2.2～2.4米,大豆带宽1.1～1.2米,玉米带宽1.1～1.2米,大豆、玉米带间距70～80厘米(开沟宽40厘米),玉米行距40厘米,大豆行距40厘米。

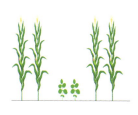

2:2模式图

4:2模式:每个生产单元宽2.7～3.0米,大豆带宽1.5～1.8米,玉米带宽1.2米,大豆、玉米带间距70厘米(开沟宽40厘米),玉米行距40厘米,大豆行距30～40厘米。

4:4模式:每个生产单元宽3.5～4.0米,大豆带宽1.5～2米,玉米带宽2米,大豆与玉米带间距70厘米(开沟宽40厘米),玉米行距40厘米,大豆行距30～40厘米。

(十一) 重庆市

春玉米—夏大豆带状套作:采用3:2(3行大豆:2行玉米)行比配置,生产单元宽2.2～2.4米,玉米行距40厘米,大豆行距30～35厘米,大豆、玉米间距60～70厘米。

春玉米—春大豆带状间作(夏玉米—夏大豆间作):采用4:2(4行大豆:2行玉米)行比配置,生产单元宽2.5～2.7米,玉米行距40厘米,大豆行距30～35厘米,大豆、玉米间距60～70厘米。

（十二）四川省

大豆玉米带状套作模式：按照3行大豆与2行玉米带状套作种植。一个生产单元宽2.2～2.4米，玉米行距0.4米，大豆行距0.3米，玉米带与大豆带间距60～70厘米（如为机收，间距则为70厘米）。

大豆玉米带状间作模式：按照4行大豆与2行玉米带状间作种植。生产单元宽2.5～2.7米，玉米行距0.4米，大豆行距0.3米，玉米带与大豆带间距0.6～0.7米（如为机收，间距则为70厘米）。

（十三）贵州省

主推大豆：玉米3：2或4：2模式：即以3行大豆间作2行玉米或4行大豆间作2行玉米，各自形成一个完整生产单元，田间形成3行大豆间2行玉米或4行大豆间2行玉米的宽窄带状复合种植结构，大豆、玉米间距扩大到70厘米，玉米行距40厘米，大豆行距30厘米，3：2模式生产单元宽2.4米，4：2模式生产单元宽2.7米。各地可根据地块大小实际探索选择其他复合种植模式。

（十四）云南省

3：2模式：生产单元宽220厘米，玉米行距40厘米，大豆行距30厘米，大豆与玉米带间距60厘米。

4：2模式：生产单元宽250～270厘米，玉米行距40厘米，大豆行距30厘米，大豆与玉米带间距60～70厘米。

（十五）陕西省

主推大豆玉米3：2模式，平地搭配4：2模式，山坡地搭配2：2模式。陕北、渭北地区主推大豆玉米4：2模式，旱地覆膜种植亦可采用3：2模式。

（十六）甘肃省

主推3：2（3行大豆，2行玉米）、4：2（4行大豆，2行玉米）、6：4（6行大豆，4行玉米）和4：4（4行大豆，4行玉米）4种模式。其中，3：2模式生产单元宽2.4米，4：2模式生产单元宽2.7

米，玉米行距40厘米，大豆行距30厘米，大豆与玉米带间距70厘米。3∶2模式和4∶2模式玉米边际效应明显，两种作物光照均充足，易于追肥、打药等农事操作，均可实现机收。4∶4模式生产单元宽3.8米，6∶4模式生产单元宽4.4米，玉米带采取宽窄行种植，行距40—70—40厘米，大豆行距30厘米，大豆与玉米带间距70厘米。

甘肃不同区域推荐对应模式：河西及沿黄灌溉区推荐4∶4、6∶4两种模式；中东部旱作区推荐3∶2、4∶2、6∶4三种模式；南部湿润半湿润区以夏季复种为主，推荐4∶2、4∶4两种模式。

（十七）宁夏回族自治区

引扬黄灌区：推荐大豆玉米行比3∶2、6∶4、4∶4模式。

3∶2模式：大豆种植3行，行距30厘米；玉米种植2行，行距40厘米；大豆与玉米带间距70厘米，大豆、玉米生产单元宽240厘米。

6∶4模式：大豆种植6行，行距30厘米；玉米种植4行，宽窄行种植，中间两行行距70厘米，边行行距40厘米；大豆与玉米带间距60厘米，大豆玉米生产单元宽420厘米。

4∶4模式：大豆种植4行，行距30厘米；玉米种植4行，宽窄行种植，中间两行行距70厘米，边行行距40厘米；大豆与玉米带间距75厘米，大豆、玉米生产单元宽390厘米。

宁南山区：适宜全膜和半膜覆盖抗旱栽培，推荐大豆玉米行比3∶2、4∶4模式。

3∶2模式：大豆种植3行，行距30厘米；玉米种植2行，行距40厘米；大豆与玉米带间距60厘米，大豆、玉米生产单元宽220厘米。

4∶4模式：大豆种植4行，大小垄种植，中间两行行距70厘米，边行行距40厘米；玉米种植4行，大小垄种植，中间两行行距70厘米，边行行距40厘米；大豆与玉米带间距70厘米，大豆、玉米生产单元宽440厘米。

第二节 不同模式的适配机械

大豆玉米带状复合种植技术采用大豆带与玉米带间作套种，充分利用高位作物玉米边行优势，扩大低位作物空间，实现作物协同共生、一季双收、年际间交替轮作，可有效解决玉米、大豆争地问题。为做好大豆玉米带状复合种植机械化技术推广应用，提供有效机具装备支撑保障，针对西北、黄淮海、西南和长江中下游地区主要技术模式制定了大豆玉米带状复合种植配套机具应用指南，供各地参考。其他地区和技术模式可参照应用。

一、机具配套原则

2022年是大面积推广大豆玉米带状复合种植技术的第一年，为便于全程机械化实施落地，在机具选配时，应充分考虑目前各地实际农业生产条件和机械化技术现状，优先选用现有机具，通过适当改装以适应复合种植模式行距和株距要求，提高机具利用率。有条件的可配置北斗导航辅助驾驶系统，减轻机手劳动强度，提高作业精准度和衔接株行距均匀性。

二、播种机具应用指南

播种作业前，应考虑大豆、玉米生育期，确定播种、收获作业先后顺序，并对播种作业路径详细规划，妥善解决机具调头转弯问题。大面积作业前，应进行试播，及时查验播种作业质量，调整机具参数，播种深度和镇压强度应根据土壤墒情变化适时调整。作业时，应注意适当降低作业速度，提高小穴距条件下播种作业质量。

（一）3∶2和4∶2模式

该模式玉米带和大豆带宽度较窄，大豆、玉米分步播种时，应注意选择适宜的配套动力轮距，避免后播作物播种时碾压已播种苗带，影响出苗。玉米后播种时，动力机械后驱动轮的外沿间距应小于160厘米；大豆后播种时，3：2模式动力机械后驱动轮的外沿间距应小于180厘米，4：2模式后驱动轮的外沿间距应小于210厘米；驱动轮外沿与已播作物播种带的距离应大于10厘米。如大豆、玉米同时播种，可购置1：X：1型（大豆居中，玉米两侧）或2：2：2型（玉米居中，大豆两侧）大豆玉米一体化精量播种机，提高播种精度和作业效率。一体化播种机应满足株行距、单位面积施肥量、播种精度、均匀性等方面要求。作业前，应对玉米、大豆播种量，播种深度和镇压强度分别调整；作业时，注意保持衔接行行距均匀一致，防止衔接行间距过宽或过窄。

4：2模式精播机

黄淮海地区：目前该地区玉米播种机主流机型为3行和4行，大豆播种机主流机型为3～6行，或兼用玉米播种机。前茬小麦收获后，可进行灭茬处理，提高播种质量，提升出苗整齐度。玉米播种时，将播种机改装为2行，调整行距接近40厘米，通过改变传动比调整株距至10～12厘米，平均种植密度为4 500～5 000株／亩，并加大肥箱容量、增设排肥器和施肥管，增大单位面积施肥量。大豆播种时，优先选用3行或4行大豆播种机，或兼用可调整至窄行距的玉米播种机，通过调整株行距来满足大豆播种的农艺要求，平均种植密度为8 000～10 000株／亩。

西北地区：该地区覆膜打孔播种机应用广泛，应注意适当降低作业速度，防止撕扯地膜。玉米播种时，可选用2行覆膜打孔播种机，调整行距接近40厘米，通过改变"鸭嘴"数量将株距调整至10厘米左右，平均种植密度为4 500～5 000株／亩，并增大单位面积施肥量。大豆播种时，优先选用3行或4行大豆播种机，或兼用可调整至窄行距的玉米播种机，可采用一穴多粒的播种方式，平均种植密度为11 000～12 000株／亩。

西南和长江中下游地区：该区域大豆玉米间套作应用面积较大，配套机具应用已经过多年试验验证。玉米播种时，可选用2行播种机，调整行距接近40厘米，株距调整至12～15厘米，平均种植密度为4 000～4 500株／亩，并增大单位面积施肥量。大豆播种采用3：2模式的，可在2行玉米播种机上增加一个播种单体；采用4：2模式的，可选用4行大豆播种机完成播种作业；株距调整至9～10厘米，平均种植密度为9 000～10 000株／亩。

（二）4：3、4：4和6：4模式

黄淮海地区：玉米播种时，可选用3行或4行播种机，调整行距至50～55厘米，通过改变传动比将株距调整至13～15厘米，玉米平均种植密度为4 500～5 000株／亩。大豆播种时，优先选用4行或6行大豆播种机，或兼用可调整至窄行距的玉米播种机，通过改变传动比和更换排种盘调整穴距至8～10厘米，大豆平均种植密度为8 000～9 000株／亩。

西北地区：玉米播种时，可选用4行覆膜打孔播种机，调整行距至55厘米，通过改变"鸭嘴"数量将株距调整至13～15厘米，玉米平均种植密度为4 500～5 000株／亩。大豆播种时，优先选用4行或6行大豆播种机，或兼用可调整至窄行距的玉米播种机，株距调整至13～15厘米，可采用一穴多粒播种方式，大豆平均种植密度为9 000～10 000株／亩。

三、收获机具应用指南

根据作物品种、成熟度、籽粒含水率及气候等条件，确定两

种作物收获时期及先后收获次序，并适期收获、减少损失。当玉米果穗苞叶干枯、籽粒乳线消失且基部黑层出现时，可开始玉米收获作业；当大豆叶片脱落、茎秆变黄、豆荚表现出本品种特有的颜色时，可开始大豆收获作业。

　　根据地块大小、种植行距、作业要求选择适宜的收获机，并根据作业条件调整各项作业参数。玉米收获机应选择与玉米带行数和行距相匹配的割台配置，行距偏差不应超过5厘米，否则将增加落穗损失。用于大豆收获的联合收割机应选择与大豆带幅宽相匹配的割台割幅，推荐选配割幅匹配的大豆收获专用挠性割台，降低收获损失率。大面积作业前，应先进行试收，及时查验收获作业质量，调整机具参数。

选用大豆、玉米割幅与带宽相匹配的收获机

（一）3∶2和4∶2模式

　　如大豆、玉米成熟期不同，应选择小型两行自走式玉米收获机先收玉米，或选择窄幅履带式大豆收获机先收大豆，待后收作物成熟时，再用当地常规收获机完成后收作物收获作业；也可购置高地隙跨带玉米收获机，先收两带4行玉米，再收大豆。如大豆、玉米同期成熟，可选用当地常用的大豆、玉米2种收获机一前一后同步跟随收获作业。

（二）4∶3、4∶4和6∶4模式

目前，常用的玉米收获机、谷物联合收割机改装型大豆收获机均可匹配，可根据不同行数选择适宜的收获机分步作业或跟随同步作业。

第三节　不同时期田间管理措施

 一、播种期

（一）播种前种子处理

针对当地大豆、玉米主要根部病虫害（根腐病、地下害虫等），进行种子包衣或药剂拌种处理防控地下病虫害，春播区、夏播区大豆和玉米都应进行种子处理。

大豆种子处理：每100千克种子选用70%吡虫啉可分散粉剂400～600克进行种子处理，可防治地下害虫、大豆蚜、蓟马等。建议种子处理时用75%乙醇（100千克种子酒精用量500～800毫升）代替水稀释药剂，防止大豆种皮褶皱、脱落等现象发生。根据当地大豆病虫害实际发生情况，也可选用噻虫嗪、精甲霜灵、咯菌腈等其他种子处理制剂。

玉米种子处理：每100千克种子选用70%吡虫啉可分散

处理后的大豆、玉米种子

粉剂制600克或70%噻虫嗪可分散粉剂200～300克进行种子处理（100千克种子用水量600～1 000毫升），防治地下害虫、玉米蚜虫、灰飞虱、蓟马等。根据当地玉米病虫害实际发生情况，也可选用氟虫腈、戊唑醇、咯菌腈、苯醚甲环唑、精甲霜灵等其他种子处理制剂。

（二）播后苗前封闭除草处理

封闭除草效果受土壤墒情、整地质量影响较大，建议播前秸秆离田或灭茬、造墒播种。播后苗前封闭处理所有施药方案大豆、玉米均不需要隔离。

春播区封闭处理：推荐3种施药方案：①使用82%乙·嗪·滴辛酯乳油150毫升/亩；②使用960克/升精异丙甲草胺乳油制剂100毫升/亩＋80%唑嘧磺草胺水分散粒剂5克/亩；③使用900克/升乙草胺乳油120毫升/亩＋80%唑嘧磺草胺水分散粒剂5克/亩。施药器械采用背负式喷雾器或自走式施药机喷施，药液量30～50升/亩。施药须在播后2～3天内完成。

夏播区封闭处理：推荐2种施药方案：①200克/升草铵膦水剂300毫升/亩＋960克/升精异丙甲草胺乳油85毫升/亩＋80%唑嘧磺草胺水分散粒剂4克/亩；②200克/升草铵膦水剂300毫升/亩＋900克/升乙草胺乳油

播后封闭除草

100毫升/亩＋80%唑嘧磺草胺水分散粒剂4克/亩。施药器械采用"背负式喷雾器＋防风罩"，或自走式或拖拉机悬挂的"喷杆喷雾机＋扇形喷头"，离地高度不超过30厘米，在下午或傍晚无风天气施药，药液量45～60升/亩，施药须在播后2天内完成。

二、生长前期

（一）苗后除草

没有进行封闭处理或封闭处理效果不理想的地块，在大豆 3 ～ 5 复叶、玉米 3 ～ 5 叶期，根据田间杂草种类，选择除草剂进行茎叶处理。茎叶处理用药量按照每种作物的实际占地面积计算，施药器械采用"背负式喷雾器 + 防风罩"或拖拉机悬挂的"喷杆喷雾机 + 扇形喷头"，药液量 30 ～ 50 升 / 亩。采用背负式喷雾器时加装防风罩，喷头距大豆、玉米植株顶部 5 ～ 30 厘米，在下午或傍晚无风天气施药，喷头对着大豆带或玉米带，不要过度左右摇摆。人工喷药除草可选用自走式单杆喷雾机或背负式喷雾器加装定向喷头和定向罩子，分别对着大豆带或玉米带喷药，喷头离地高度以喷药雾滴不超出大豆带或玉米带为准，严禁药滴超出大豆带或玉米带。在无风的下午进行。

苗后田间化学除草

方案一：防治阔叶杂草可以使用 480 克 / 升灭草松水剂 200 毫升 / 亩，全田喷雾，不需物理隔离。

方案二：防治禾本科杂草需要使用物理隔帘将大豆、玉米隔开施药。玉米田使用 40 克 / 升烟嘧磺隆可分散油悬浮剂 100 毫升 / 亩或 30% 苯唑草酮悬浮剂 5 毫升 / 亩，其中烟嘧磺隆对大豆的影响相对较小；大豆田使用 12.5% 烯禾啶乳油 80 ～ 100 毫升 / 亩，或 240 克 / 升烯草酮乳油 40 毫升 / 亩，或 10% 精喹禾灵乳油 40 毫升 /

亩，其中烯禾啶对玉米的影响相对较小。

方案三：禾本科杂草和阔叶杂草混发严重的地块，施药时需要使用物理隔帘分开大豆带、玉米带，玉米带使用25%烟嘧·硝草酮可分散油悬浮剂50毫升/亩，或28%氯吡·硝·烟嘧可分散油悬浮剂80毫升/亩，或20%烟嘧·辛酰溴可分散油悬浮剂100毫升/亩；大豆带使用31.5%氟胺·烯禾啶乳油80毫升/亩，或15%精喹·氟磺胺微乳剂100毫升/亩。

（二）化学控旺

大豆玉米带状复合种植化学控旺所推荐药剂应严格按照该药剂登记推荐时期、剂量喷施，不能重喷、漏喷。

在水肥条件较好、玉米生长偏旺、种植密度大、品种易倒伏、对大豆遮阴严重的玉米田，在玉米7～10叶展开期喷施30%胺鲜·乙烯利水剂（玉黄金）等植物生长调节剂，防止植株旺长，施药浓度按说明书。可使用喷药机只对玉米机械作业，避免喷到大豆。

在水肥条件较好、大豆生长偏旺、种植密度大的地块，于大豆初花期喷施多效唑、烯效唑等药剂，根据大豆生长情况和天气情况，一般喷施1～2次。调节剂严格按照产品使用说明书推荐浓度和时期施用，不漏喷、不重喷。

（三）病虫防治

在大豆苗期—分枝期（始花期）、玉米苗期—拔节期（大喇叭口期），重点防治玉米螟、蚜虫、蓟马、棉铃虫及苗期病害。对没

大豆、玉米化控关键期

有进行种子处理的田块，苗期进行茎叶除草（采用物理隔帘，严格控制飘移）时可加入5%甲氨基阿维菌素苯甲酸盐水分散粒剂30克/亩＋5%啶虫脒乳油30 ~ 40毫升/亩＋10%苯醚甲环唑水分散粒剂60克/亩进行喷雾，同时防治苗期病虫草害。杀虫剂也可选用高效氯氟氰菊酯、噻虫嗪、乙基多杀菌素、茚虫威等，杀菌剂也可选用吡唑醚菌酯、嘧菌酯等。施药器械采用背负式喷雾器或拖拉机悬挂的喷杆喷雾机。

大豆分枝期、玉米拔节期（化控关键期）

三、生长中期

在大豆始花期—花荚期、玉米抽雄期—吐丝期，重点防控对象为大豆点蜂缘蝽、玉米螟，要严格监控、科学用药、适时防治。

在大豆始花期、结荚初期、鼓粒期，玉米小喇叭口期、大喇叭口期、吐丝期，主要防治对象为大豆点蜂缘蝽、玉米螟、大豆食心虫、棉铃虫、斜纹夜蛾、大豆霜霉病、大豆炭疽病、大豆叶斑病、玉米大小斑病、玉米锈病等。

根据病虫害发生情况，杀虫剂可选择高效氯氟氰菊酯、甲氨基阿维菌素苯甲酸盐、氯虫苯甲酰胺、虫螨腈、苏云金芽孢杆菌、苦皮藤素、金龟子绿僵菌、噻虫嗪等，杀菌剂可选择苯醚甲环唑、咯菌·精甲霜灵、吡唑醚菌酯、嘧菌酯、丙环唑、咯菌腈等。

在点蜂缘蝽（症青）发生严重的区域，于大豆结荚初期（始见荚期）、田间发生点蜂缘蝽成虫时开始用药防治，杀虫剂10～15天施药1次（建议使用1%甲氨基阿维菌素苯甲酸盐乳油20～30毫升/亩或2.5%高效氯氟氰菊酯乳油20～25毫升/亩），连续施药3次。一般在防治点蜂缘蝽的同时，防治玉米螟、甜菜夜蛾、棉铃虫、玉米茎腐病、大豆霜霉病等。也可选用溴氰菊酯、氰戊菊酯等杀虫剂进行喷雾。

采用植保无人机飞防。采用无人机施药时要注意在安全的前提下降低飞行高度，添加飞防专用助剂，亩用药液量要达到1.5～2.5升。特别是防治害虫时，要抓住低龄幼虫防控最佳时期，以保苗、保芯、保产为目标开展统防统治。

植保无人机飞防

大豆结荚期、玉米抽丝期

大豆鼓粒期、玉米籽粒形成期

四、收获期

(一)适宜收获期

大豆适宜收获时期是在黄熟期后至完熟期,此时大豆叶片脱落80%以上,豆荚和籽粒均呈现出原有品种的色泽,籽粒含水率下降到15%～25%,茎秆含水率为45%～55%,豆粒归圆,植株变成黄褐色,茎和荚变成黄色,用手摇动植株会发出清脆响声。大豆收获作业应该选择早、晚露水消退时段进行,避免产生"泥花脸";应避开中午高温时段,减少收获炸荚损失。玉米适宜收获期在完熟期,此时玉米植株的中下部叶片变黄,基部叶片干枯,果穗变黄,苞叶干枯呈黄白色而松散,籽粒脱水变硬、乳线消失,微干缩凹陷,籽粒基部(胚下端)出现"黑帽层",并呈现出品种固有的色泽。采用果穗收获,玉米籽粒含水率一般为25%～35%;采用籽粒直收方式,玉米籽粒含水率一般为15%～25%。

大豆玉米适宜收获期

(二)收获方式

规模化种植采用联合收获机分别进行大豆和玉米机械化收获,山地、丘陵等小地块可采用机械分段收获或"人工＋机械"收获。

(三)机收模式

按照大豆、玉米成熟期先后分大豆玉米同时收获、玉米先收和大豆先收3种模式。3种模式收获时都需要先收地头开道，利于机具转行收获，缩短机具空载作业时间。

大豆玉米同时收获模式：该模式适于河北省中南部一年两熟夏播区，大豆、玉米成熟期一致或者大豆先成熟的区域。采用当地生产上常用的大豆和玉米收获机，轮式和履带式均可。作业时，大豆收获机和玉米收获机前后布局，一前一后同时收获大豆和玉米，两机前后跟随依次作业，一台收获机收完一趟一种作物，另一台收获机收另一种作物时一侧是空白地，对机具宽度适应性较好。可根据大豆种植幅宽和玉米行数选用幅宽匹配的机型，也可选用常规收获机减幅作业。

玉米先收模式：作业时，先选用适宜的玉米收获机进行玉米收获作业，再选用当地常规大豆收获机进行大豆收获作业。玉米收获机机型应根据玉米带的行数、行距和相邻两大豆带之间的宽度进行选择，轮式和履带式均可，应做到不碾压或损伤大豆植株，以免造成炸荚、增加损失。玉米收获机轮胎（履带）外沿与大豆带距离一般应大于15厘米。对于4：4和6：4模式，选择当地常规4行玉米收获机即可，可以选择直收果穗或者茎穗兼收玉米收获机进行收获。邯郸、邢台也可以选用籽粒直收玉米收获机。对于4：2模式，选择外宽小于大豆带间距离10～20厘米的2行玉米收获机或单行玉米收获机收获果穗。玉米收获后，于大豆适收期再用当地常用的大豆收获机或谷物联合收获机收获大豆。要求收割

玉米、大豆成熟收获作业

机割幅大于大豆幅宽。

　　大豆先收模式：适用于大豆先于玉米成熟的区域，主要在河北张家口、承德等春播区及部分夏播区。作业时，先选用适宜幅宽的大豆收获机进行大豆收获作业，再选用适宜的玉米收获机进行玉米收获作业。大豆收获机机型应根据大豆带宽和相邻两玉米带之间的带宽进行选择，轮式和履带式均可，应做到不漏收大豆、不碾压或夹带玉米植株。大豆收获机割幅不小于大豆带宽，整机外廓宽度应小于相邻两玉米带带宽20厘米（两侧各10厘米）以上。以大豆玉米带间距70厘米、大豆行距30厘米为例，4∶2模式应选择幅宽大于1.3米、整机宽度＜2.1米的大豆收获机。大豆收获机宜装配浮式仿形割台，幅宽2米以上大豆收获机宜装配专用挠性割台，割台离地高度小于5厘米，实现贴地收获作业，使低节位豆荚进入割台，降低收获损失率。大豆收获后，玉米用当地常规玉米收获机收获，收获机行数不低于种植行数。

　　山地、丘陵小地块，可以先用单行收获机或人工收获玉米果穗，再人工或用割晒机收割大豆；或者先人工收割大豆，再收玉米。运回场院晾晒后再用脱粒机脱粒完成收获。

3

第三章

大豆玉米带状复合种植品种选配

第一节　品种选配效应及参数

一、品种选配效应

（一）玉米不同株型品种对大豆光截获的影响

玉米按株型结构可分为平展型、半紧凑型和紧凑型3种类型。平展型玉米品种是指玉米穗位叶片与主茎间的夹角大于30°的品种。此类品种植株高，叶片大，耐密性差，与大豆带状间作后，

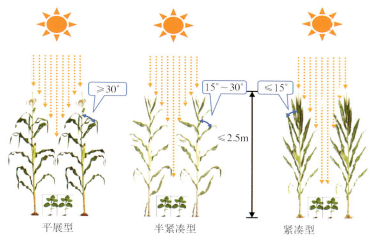

不同类型玉米示意图

大豆冠层的平均透光率仅为40%左右，对大豆生长极为不利，严重时带状间作大豆难以成苗，即使成苗大豆后期倒伏，落花落荚。半紧凑型玉米品种是指玉米穗位叶片与主茎夹角为15°～30°的品种。此类品种株型、叶片大小适中，是目前西南地区的主推品种，与大豆带状间作后，大豆冠层平均透光率可提高到50%左右，大豆生长的光环境得到明显改善，生长良好。紧凑型玉米品种是指玉米穗位叶片与主茎间的夹角小于15°的品种。此类品种株型收敛、叶片小、耐密性好，黄淮海、东北和西北主推品种中大多属于此种类型，与大豆带状复合种植后，大豆冠层透光率可达60%左右，两种作物可以和谐共生并且高产。

（二）大豆不同耐阴品种对荫蔽的响应差异

带状复合种植下，大豆花前不受玉米荫蔽的影响。不耐阴大豆品种花后受玉米荫蔽影响较大，茎秆较细弱，易倒伏，落花落荚，单株荚数少，产量低。耐阴大豆品种花后受玉米荫蔽的影响较小，光合产物向茎秆和荚果输送多，茎强不倒，落花落荚少，灌浆充分，单株荚数较多，产量高。

二、品种选配参数

（一）玉米品种

生产中推荐的高产玉米品种，通过带状复合种植后有两种表现：一是产量与其单作种植差异不大，边际优势突出，对带状复合种植表现为较好的适应性；二是产量明显下降，与其单作种植相比，下降幅度达20%以上，此类品种不适合带状复合种植下密植栽培环境。宜带状复合种植的玉米品种应为紧凑型、半紧凑型品种，穗上部叶片与主茎的夹角为21°～23°，棒三叶夹角为26°左右，棒三叶以下叶夹角为27°～32°，株高260～280厘米，穗位高95～115厘米，生育期内最大叶面积指数为4.58～5.99，成熟期叶面积指数维持在2.91～4.66。

（二）大豆品种

在带状复合种植系统中，光环境直接影响低位作物大豆器官生长和产量形成。适合带状复合种植的大豆品种的基本特性是产量高，耐阴抗倒，有限或亚有限结荚习性。在带状间作系统中，选用大豆成熟期单株有效荚数应不低于该品种单作荚数的50%，单株粒数50粒以上，单株粒重10克以上，株高70～100厘米、茎粗5.7～7.8毫米，抗倒能力强的中早熟大豆品种。在带状套作系统中，选用大豆、玉米共生期（V5～V6期）大豆节间长粗比小于19，抗倒能力较强，大豆成熟期单株有效荚数为该品种单作荚数的70%以上、单株粒数为80粒以上、单株粒重在15克以上的中晚熟大豆品种。

第二节 品种要求

科学的品种搭配是充分发挥玉米边行优势，降低玉米对大豆遮阴影响，确保稳产增产的基本前提。各地区应根据当地生态气候特点和生产条件选配适合带状复合种植要求的大豆、玉米品种。

一、玉米品种

玉米选用株型紧凑、株高适中、熟期适宜、耐密、抗倒、宜机收的高产品种基础上，黄淮海地区要突出耐高温、抗锈病等特点，西北地区要突出耐干旱、增产潜力大等特点，西南及南方地区要突出耐苗期雨涝、耐伏旱等特点。

选用的玉米品种应满足株型紧凑、抗倒抗病高产、中矮秆、适宜密植和机械化收获的要求，可以选用多种类型，如普通籽粒型、机收籽粒型、鲜食型、青贮型、粮饲兼用型等。大豆玉米带状复合种植时，玉米选用紧凑型品种，行间通风透光性好，可以降低间作大豆倒伏的风险，大豆产量明显高于选用半紧凑型或平展型的玉米品种。如果选用平展型玉米品种与大豆间作，对大豆遮阴比较严重，大豆容易出现倒伏，造成减产，并且影响机械化收获。

二、大豆品种

大豆应在选用耐阴、抗倒、耐密、熟期适宜、宜机收的高产品种基础上，黄淮海地区要突出花荚期耐旱、鼓粒期耐涝等特点，西北地区要突出耐干旱等特点。

大豆玉米带状间作复合种植时，不要选择植株相对较高、叶片肥大的大豆品种，密度难以把握，不宜间作。选用这类品种，如果种植密度高，易旺长徒长，形成细弱苗，加剧倒伏；而密度低时，群体产量相应降低。有的亚有限型大豆品种，在不施任何肥料的情况下间作，仍表现为植株高大，容易倒伏，落花落荚，降低了间作大豆的产量。

大豆玉米带状复合种植的品种选配除应符合宜带状复合种植品种特性要求外，还应遵循以下选配原则。

一是具有良好的生态适应性。西南带状间作区，气候条件和种植制度复杂多样，玉米应根据种植制度选择适宜的中晚熟玉米品种；大豆以夏大豆为主，多选择短日性强或极强、有限结荚的中熟或中晚熟品种。西北和东北带状间作区，春播玉米秋霜早，气温低，宜选择成熟期适中或较早熟、耐低温的品种；大豆为春播，宜选用短日性弱、感温性强、无限结荚习性的早熟和中早熟品种。黄淮海带状间作区，玉米生长季节受前后茬冬小麦约束，需要选中早熟品种；大豆为夏大豆，温度高，宜选择短日性和感温性中等、亚有限结荚习性的中熟品种。

二是高度适中、籽粒脱水快。这样的品种适宜机械化作业。机械化生产是大豆玉米带状复合种植有别于传统间套作的核心特点，除在田间布局上需适应机械化生产外，品种选择上也要符合机械化生产的特点。宜机械化生产的玉米品种应该具有以下特性，即：籽粒灌浆脱水快、苞叶蓬松快、果穗易脱粒、出苗快、植株幼苗健壮。收籽粒的品种还应具有以下特性，即：雄穗小、叶片小、个子小、节间小、植株收敛、果穗大。宜机械化生产的大豆品种应具有成熟时籽粒脱水快，茎秆直立且含水量低，不易炸荚，分枝较少、株高适中、分枝与主茎间角度小，底荚高度适宜等特性。

 ## 三、不同地区推荐配置品种

省份	玉米品种	大豆品种
河北	农大372、伟科702、纪元128、先玉335、冀农707、郑单958等	冀豆12、邯豆13、石936、沧豆13、齐黄34、中黄78等
山西	北部春播早熟区：可选用君实618、瑞普686、瑞丰168等；中部中晚熟区：可选用大丰26、强盛199、龙生19、潞玉1525、荃科666、九圣禾257、华美368等；南部春播区：可选用东单1331、陕科6号、德力666、太玉369、大槐99、太育9号等；南部复播区：可选用伟育178、东单1331、九圣禾2468、创玉120、豫丰98、九圣禾616、中科玉505、豫单9953等	北部春播早熟区：可选用金豆1号、晋豆15等；中部中晚熟区：可选用强峰1号、晋豆25、汾豆98、东豆1号、中黄13、晋科5号、品豆24等；南部春播区：可选用强峰1号、晋豆19、汾豆97、品豆20、齐黄34等；南部复播区：可选用晋豆25、汾豆98、中黄13、品豆24等
内蒙古	A6565、迪卡159、金博士806、MY73、天育108、连达F085、TK601、豫单9953、登海618、禾众玉11、先玉1225、先玉1611、西蒙3358、甘优661等	蒙豆1137、登科5号、华疆2号、蒙豆13、蒙豆33、黑科60、开育12、长农26、赤豆5号、中黄30、中黄35、吉育86、吉育47、吉育206、黑农84、黑农82、黑农65、合农71、合农85、合农114、绥农52等
江苏	江玉877、明天695、迁玉180、苏科玉076、苏玉34、农单117、黄金MY73等	齐黄34、郑1307、泗豆195、徐豆18、苏豆26、苏豆21等
安徽	6∶4模式：可选用中农大678、MY73、浚单658、安农218、鲁研106、MC121、豫单739、陕科6号；4∶2模式：可选用安农591、迪卡653、陕科6号、中玉303、庐玉9105、丰大611、宿单608等	6∶4模式：可选用洛豆1号、金豆99、皖豆37、皖黄506、皖宿061、中黄301、涡豆8号、宿豆219、阜豆15、临豆10号、齐黄34等；4∶2模式：可选用洛豆1号、金豆99、皖豆37、皖黄506、皖宿061、中黄301、涡豆8号、宿豆219、阜豆15、临豆10号、齐黄34等
山东	登海605、登海685、郑单958、农大372、豫单9953、纪元128等	齐黄34、菏豆33、圣豆127、潍豆20、徐豆18、郑1307等

（续）

省份	玉米品种	大豆品种
河南	郑单958、豫单9953、德单5号、MY73、登海618、迪卡653、丰德存玉10号、豪玉16、良玉99、MC121等	齐黄34、中黄301、郑1307、周豆25、郓豆1号、濮豆857、徐豆18、圣豆5号、临豆10号、邯豆13等
湖南	同玉18、登海605、湘荟玉1号、洛玉1号、湘农玉36等	春大豆品种：可选用湘春2704、湘春2701、油春1204、湘春豆V8等；夏大豆品种：可选用南农99-6、桂夏7号等
广西	青青700、青青500、宜单629、万千968、荣玉1210等	桂春15、华春8号、桂夏7号、桂夏3号等
重庆	三峡玉23、成单30、西大889、康农玉868等	春大豆品种：可选用渝豆11、油春1204、油6019、南豆23、中豆46、渝豆1号、鄂豆10号等；夏大豆品种：可选用南夏豆25、南豆12等
四川	正红6号、仲玉3号、荃玉9号、成单30等	夏大豆品种：可选用贡选1号、南豆12、南豆25、南豆38、贡秋豆8号、贡秋豆5号、川农夏豆3号等；春大豆品种：可选用川豆16、齐黄34等
贵州	金玉932、金玉579、金玉908、贵卓玉9号、真玉1617、金玉150、卓玉183、真玉8号、好玉4号、佳玉101、迪卡011、万川1306、隆瑞999等	黔豆10号、黔豆12、黔豆7号、黔豆11、黔豆14、安豆5号、安豆10号、油春1204、齐黄34等
云南	靖单15、胜玉6号、宣宏8号、川单99、华兴单88、云瑞47、云瑞408、云瑞999、宣瑞10号、正大811、五谷1790、五谷3861、珍甜8号等	滇豆7号、云黄12、云黄13、云黄15、云黄16、云黄17、齐黄34等
陕西	陕北、渭北地区：可选用陕单650、延科288等；陕南地区：可选用延科288、五单2号等	陕北地区：主推齐黄34，搭配中黄318、中黄13、邯豆14；渭北地区：主推齐黄34，搭配中黄318、中黄13、秦豆2018；陕南地区春播：主推齐黄34，搭配中黄13；陕南地区夏播：主推金豆228，搭配秦豆2018和本地农家种

（续）

省份	玉米品种	大豆品种
甘肃	河西沿黄灌溉区：可选用先玉1225、垦玉50、盛玉168、五谷631、甘优638等； 中东部旱作区：可选用中地9988、玉米7879、金凯3号、金穗1915、酒玉505、铁391、垦玉6189、纵横836等； 陇南夏播区：可选用垦玉90、航天558、玉龙7899、优迪519等	河西沿黄灌溉区：可选用铁豆82、铁豆62、中黄30、冀豆17、陇黄3号、陇黄2号、陇中黄602、丰豆8号、银豆4号等； 中东部旱作区：可选用冀豆17、陇黄3号、齐黄34、中黄35、陇中黄602、陇中黄603、东豆100、东豆339、汾豆78等； 陇南夏播区：可选用陇中黄603、临豆10号、郑1307、陇中黄602、陇黄3号、菏豆12等
宁夏	引扬黄灌区：可选用先玉1225、先玉698、东农258、宁单40、宁单33等紧凑、耐密、抗倒中晚熟品种； 宁南山区：可选用西蒙6号、昊玉22、大丰30等耐旱、紧凑、中早熟品种	引扬黄灌区：可选用宁豆6号、宁豆7号、宁京豆7号、中黄318、铁丰31、辽豆15、冀豆12等； 宁南山区中有效积温相对较高地区：可选用中黄30、绥农26、合农114、黑农52等中早熟品种； 海拔高度相对较高地区：可选用垦豆62、垦豆95、垦科豆28、东生2号、蒙豆640等早熟和极早熟品种

第三节　适宜品种介绍

一、玉米主要品种

　　根据《全国大豆玉米带状复合种植技术指导意见》，结合黄淮海地区的生态条件和适宜间作的要求，可选择的品种有很多，本书列出适应性较强的品种供各地参考。黄淮海带状复合间作区，包括河北、山东、山西、河南、安徽、江苏等玉米、大豆产区，以夏玉米-夏大豆带状复合种植为主。玉米品种要选择单株生产能力强、适合当地间作种植，且高产、抗病、抗倒、抗逆性强、适应性广、耐密植、适宜机收的品种。推荐河北种植的玉米品种有农大372、伟科702、纪元128；山西的有君实618、大丰26、东单1331；江苏的有江玉877、明天695、迁玉180；安徽的有中农大678、浚单658、安农591；山东的有登海605、郑单958、MY73；河南的有郑单958、德单5号、登海618。

1. 农大372 中国农业大学选育。幼苗叶鞘浅紫色。成株株型紧凑，株高294厘米，穗位113厘米。生育期127天左右。穗分枝9～12个，花药浅紫色，花丝绿色。果穗筒形，穗轴红色，穗长20.7厘米，穗行数14～16行，秃尖0.9厘米。籽粒黄色、半马齿型，百粒重40.0克，出籽率86.5%。抗茎腐病、大斑病、弯孢叶斑病、玉米螟，感丝黑穗病。

农大372

2. 伟科702 郑州伟科作物育种科技有限公司、河南金苑种业有限公司选育。东北、华北春玉米区出苗至成熟128天，西北春玉米区出苗至成熟131天，黄淮海夏播区出苗至成熟100天。幼苗叶鞘紫色，叶片绿色，叶缘紫色。株型紧凑，保绿性好，株高252～272厘米，穗位107～125厘米，成株叶片数20片。花丝浅紫色，果穗筒形，穗长17.8～19.5厘米，穗行数14～18行，穗轴白色。籽粒黄色、半马齿型，百粒重33.4～39.8克。

伟科702

3. 纪元128　河北新纪元种业有限公司育成。幼苗叶鞘紫色。成株株型半紧凑，株高226厘米，穗位105厘米。生育期105天左右。雄穗分枝5～8个，花药黄色，花丝浅紫色。果穗筒形，穗轴白色，穗长17.8厘米，穗行数14～16行，秃尖0.9厘米。籽粒黄色、硬粒型，百粒重37.4克，出籽率81.8%。高抗小斑病，中抗禾谷镰孢茎腐病，感禾谷镰孢穗腐病，高感瘤黑粉病、弯孢叶斑病。

纪元128

4. 君实618　山西君实种业科技有限公司选育。在山西春播早熟玉米区生育期130天，与对照大丰30相当。幼苗第一叶叶鞘紫色，叶端尖，叶缘绿色。株型半紧凑，总叶片数20片，株高276厘米，穗位高96厘米，花药绿色，颖壳紫色，花丝绿色。果穗锥形，穗轴粉红色，穗长19.5厘米，穗行18行左右，行粒数38粒。籽粒黄色、马齿型，百粒重35.8克，出籽率86.9%。

5. 大丰26　山西大丰种业有限公司选育。植株生长势强，叶色深绿，叶缘紫色，叶背有紫晕。株型紧凑，气生根发达，株高280厘米，穗位高110厘米，叶片数21片，雄穗分枝5～7个，花药紫色，花丝由青到粉色。果穗筒形，穗长20厘米，穗行数16行，穗轴白色，行粒数38粒。籽粒黄红色、半硬粒型，百粒重

38.1克，出籽率87.0%。

6. 东单1331　辽宁东亚种业有限公司选育。东北、华北中晚熟青贮玉米组区域试验，出苗至收获118.5天，比对照雅玉青贮26早熟7天。幼苗叶鞘紫色，叶片绿色，叶缘紫色，花药浅紫色，颖壳绿色。株型半紧凑，株高307厘米，穗位高121厘米，成株叶片数19片。果穗筒形，穗长22厘米，穗行数16～18行，穗粗5厘米，穗轴红色。籽粒黄色、半马齿型，百粒重38.1克。中抗大斑病、茎腐病，感丝黑穗病、灰斑病。

7. 江玉877　宿迁中江种业有限公司选育。幼苗叶鞘紫色，子叶椭圆形，叶色深绿，叶缘绿色，生长势强。株型半紧凑，茎秆粗壮。成株叶色深绿，颖片紫色，花药紫色，花丝紫红色。果穗筒形，穗轴红色。籽粒黄色、半马齿型。株高246厘米，成株叶片19片，穗位高96厘米。穗长18.4厘米，穗粗5.0厘米，秃尖长1.5厘米，每穗15.5行，每行33粒。百粒重32.4克，出籽率86.5%。全生育期102天。倒伏率0.3%。中抗大斑病、小斑病、茎腐病，高感纹枯病、粗缩病。

8. 明天695　江苏明天种业科技股份有限公司选育。黄淮海夏玉米组区域试验，出苗至成熟103.5天，比对照郑单958早熟0.3天。幼苗叶鞘紫色，叶片深绿色，叶缘绿色，花药浅紫色，颖壳浅紫色。株型紧凑，株高270厘米，穗位高99厘米，成株叶片数19片。果穗长筒形，穗长18.4厘米，穗行数14～16行，穗粗5.2

明天695

厘米，穗轴红。籽粒黄色、马齿型，百粒重38.5克。中抗茎腐病、小斑病，感南方锈病，高感穗腐病、弯孢叶斑病、瘤黑粉病。

9. 迁玉180 江苏省农业科学院宿迁农业科学研究所选育。中熟普通玉米。幼苗叶鞘紫色，叶片绿色，叶缘绿色，生长势较强。株型半紧凑，茎秆粗壮，成株叶片绿色。花药黄色，颖片浅黄色，花丝浅红色。果穗筒形，穗轴浅红色。籽粒黄色、半马齿型。区域试验全生育期105.1天，比对照郑单958长1.9天。株高239.2厘米，穗位高100.2厘米。穗长20.1厘米，穗粗4.7厘米，秃尖长0.8厘米，每穗14.8行，每行36.0粒，百粒重36.7克，出籽率84.4%。空秆率1.5%，倒伏倒折率3.1%。高抗小斑病，中抗大斑病、茎腐病，感纹枯病、瘤黑粉病，高感南方锈病。

10. 中农大678 中国农业大学选育。黄淮海夏玉米组区域试验，出苗至成熟102天，比对照郑单958早熟0.5天。幼苗叶鞘紫色，叶片绿色，叶缘紫色，花药紫色，颖壳绿色。株型紧凑，株高256厘米，穗位高97厘米，成株叶片数20片。果穗筒形，穗长17.3厘米，穗行数12～18行，穗轴红。籽粒黄色、马齿型，百粒重34.9克。抗茎腐病，中抗小斑病，感弯孢叶斑病、南方锈病，高感穗腐病、瘤黑粉病。

11. 浚单658 鹤壁市农业科学院、湖北国油种都高科技有限公司选育。黄淮海夏玉米组区域试验，出苗至成熟101.5天，比对照郑单958早熟0.5天。幼苗叶鞘紫色，叶片绿色，叶缘绿色，花药浅紫色。株型紧凑，株高249厘米，穗位高98厘米，成株叶片数20片。果穗长筒形，穗长17.3厘米，穗行数12～18行，穗轴红。籽粒黄色、半马齿型，百粒重34.1克。抗茎腐病，中抗小斑病，感弯孢叶斑病，高感穗腐病、瘤黑粉病。

12. 安农591 安徽农业大学选育。幼苗叶鞘紫色，株型半紧凑，成株叶片数19～20片，叶片分布稀疏，叶色浓绿。雄穗分支中等，花药黄色。籽粒黄色、硬粒型，穗轴白色。平均株高254厘米，穗位高102厘米，穗长16.9厘米，穗粗4.8厘米，秃顶0.6厘米，穗行数15.5，行粒数33.7粒，出籽率88%，百粒重33.9克。

抗高温热害3级（相对空秆率平均2.7%）。全生育期101天左右。中抗小斑病、茎腐病，抗南方锈病，感纹枯病。

13. 登海605 山东登海种业股份有限公司选育。在黄淮海地区出苗至成熟101天，需有效积温2 550℃左右。幼苗叶鞘紫色，叶片绿色，叶缘绿带紫色，花药黄绿色，颖壳浅紫色。株型紧凑，株高259厘米，穗位高99厘米，成株叶片数19～20片。花丝浅紫色，果穗长筒形，穗长18厘米，穗行数16～18行，穗轴红色。籽粒黄色、马齿型，百粒重34.4克。高抗茎腐病，中抗玉米螟，感大斑病、小斑病、矮花叶病和弯孢叶斑病，高感瘤黑粉病、褐斑病和南方锈病。

带状间作复合种植的玉米品种登海605

齐黄34与登海605带状间作复合种植田

14. 郑单958　　河南省农业科学院粮食作物研究所选育。属中熟玉米杂交种，夏播生育期96天左右。幼苗叶鞘紫色，生长势一般，株型紧凑，株高246厘米左右，穗位高110厘米左右，雄穗分枝中等，分枝与主轴夹角小。果穗筒形，有双穗现象，穗轴白色，果穗长16.9厘米，穗行数14～16行，行粒数35粒左右。结实性好，秃尖轻。籽粒黄色、半马齿型，百粒重30.7克，出籽率88%～90%。抗大斑病、小斑病和黑粉病，高抗矮花叶病，感茎腐病，抗倒伏，较耐旱。

齐黄34与郑单958带状间作复合种植田

收获期的郑单958

15. MY73　河南省豫玉种业股份有限公司、河南省彭创农业科技有限公司联合选育。黄淮海地区夏播出苗至成熟101天。幼苗叶鞘紫色，花药绿色，株型紧凑，株高238厘米，穗位高94厘米，成株叶片数20片。果穗筒形，穗长16.6厘米，穗行数16～18行，穗粗4.8厘米，穗轴白色，籽粒黄色、硬粒，百粒重32.5克。抗茎腐病，中抗小斑病、弯孢叶斑病、瘤黑粉病、南方锈病，感穗腐病。

MY73与冀豆12带状间作复合种植田

16. 德单5号　北京德农种业有限公司选育。夏播生育期100天。株型紧凑，全株叶片21片，株高257厘米，穗位高110～121厘米。幼苗叶鞘紫色。雄穗分枝数中等，雄穗颖片浅紫色，花药黄色，花丝绿色。果穗筒形，穗长14.5～15.0厘米，穗粗4.9～5.0厘米，穗行数14.9～15.1行，行粒数33.5～34.7粒。黄粒、白轴、半马齿型，百粒重29.5～31.2克，出籽率89.5%～90%。高抗大斑病，抗矮花叶病，中抗小斑病、弯孢叶斑病，感瘤黑粉病、茎腐病，高抗玉米螟。

17. 登海618　山东登海种业股份有限公司选育。黄淮海夏玉米区出苗至成熟99天左右，比郑单958早3天。幼苗叶紫色，叶片深绿色，叶缘紫色，花药浅紫色，颖壳绿色。株型紧凑，株高250

厘米，穗位82厘米，成株叶片数19片。花丝浅紫色，果穗筒形，穗长17～18厘米，穗行数平均14.7行，穗轴紫色。籽粒黄色、马齿型，百粒重32.8克。抗小斑病、穗腐病，中抗茎腐病，感弯孢叶斑病、粗缩病，高感瘤黑粉病。

二、大豆主要品种

根据《全国大豆玉米带状复合种植技术指导意见》的推荐，适宜黄淮海地区带状复合间作种植的大豆品种，一般生育期要小于110天，株型紧凑，直立生长，有限结荚，结荚高度15厘米左右，抗倒，抗病，耐盐碱。结合各地区的生态条件本书列出适应性较强的品种供各地参考。推荐河北种植的大豆品种有冀豆12、邯豆13、石936；山西的有金豆1号、强峰1号、晋豆25；江苏的有徐豆18、苏豆26、苏豆21；安徽的有洛豆1号、金豆99、皖豆37；山东的有齐黄34、菏豆33、菏豆12；河南的有中黄301、郑1307、齐黄34。

1. **冀豆12** 河北省农林科学院粮油作物所选育。株高70～80厘米，底荚高18厘米，短分枝数3个。紫花，灰毛，籽粒椭圆形，种皮黄色，种脐黄色，百粒重22～24克。中早熟高蛋白夏大豆品种，夏播生育期100天，有限结荚习性，植株塔形，抗倒伏、抗旱。高抗病毒病。

2. **邯豆13** 邯郸市农业科学院选育。黄淮海夏大豆品种，生育期平均107天。株型收敛，有限结荚习性。株高66.2厘米，

冀豆12

主茎14.4节，有效分枝数14.4个，底荚高12.5厘米，单株有效荚数38.2个，单株粒数83.8粒，单株粒重18.2克，百粒重22.5克。

卵圆叶，紫花，灰毛，籽粒椭圆形，种皮黄色、微光、种脐褐色。抗花叶病毒病3号株系和7号株系，高感胞囊线虫病2号生理小种。

3. 石936 石家庄市农林科学研究院选育。有限结荚习性。叶卵圆形，紫花，灰毛。夏播平均生育期107天左右。株高74.1厘米，底荚高15.9厘米，主茎15.7节，单株有效分枝数2.1个。单株有效荚数37.9个，单荚粒数2.6个，百粒重23.3克。籽粒圆形，种皮黄色、微光、种脐褐色。田间抗病性中等。籽粒粗蛋白质（干基）含量41.72%，粗脂肪（干基）含量21.02%。

4. 金豆1号 山西金三鼎农业科技有限公司选育。株型紧凑，株高60～70厘米，结荚高度17～20厘米，主茎节数12个左右，1～2个分枝。单株荚数30.3个，单荚粒数2.6粒长叶，紫花，灰毛。亚有限结荚习性，籽粒椭圆形，种皮黄色，脐黄色，百粒重18～22克，平均产量184.4千克/亩。早熟，在山西北部地区春播平均生育期110天，中部地区夏播95天。

5. 强峰1号 山西金三鼎农业科技有限公司选育。在山西大豆春播中晚熟区生育期127天，南部夏播区生育期101天。株高67.2厘米，主茎节数14.6节，有效分枝数5.0个，叶圆形，紫花，灰毛。亚有限结荚习性，单株荚数81.4个，籽粒圆形，种皮黄色，脐黄色，百粒重25.7克。

6. 晋豆25 山西省农业科学院经济作物研究所选育。株型紧凑，株高50～85厘米，主茎节数14节左右，单株结荚17～26个，单株粒数44～56粒。毛棕色，花紫色，叶中圆，种皮黄色有光泽，种脐黑色，籽粒圆形，百粒重18～24克。早熟，在山西北部春播生育期110～115天，中部复播90天左右，无限结荚习性。抗旱、抗倒，耐水肥，丰产性好。

7. 徐豆18 江苏徐淮地区徐州农业科学研究所选育。生育期104天。株型半收敛，有限结荚习性。株高73.2厘米，主茎18.7节，有效分枝数1.5个，底荚高14.1厘米，单株有效荚数38.3个，单株粒数75.7粒，单株粒重16.5克，百粒重21.4克。叶卵圆形，白花，灰毛。籽粒椭圆形，种皮黄色、微光，种脐褐色。接种鉴定，抗花叶病毒病3号和7号株系，高感胞囊线虫病1号生理小种。

8. 苏豆26　江苏省农业科学院经济作物研究所选育。夏大豆品种。植株直立，有限结荚习性，株型收敛，抗倒性好。叶片卵圆形，白花，棕毛。落叶性好，不裂荚。籽粒黄色、椭圆形、微光，种脐黑色，外观商品性较好。全生育期100.5天。株高56.2厘米，底荚高15.2厘米，主茎14.4节，有效分枝数2.1个，单株结荚36.6个，每荚2.4粒，百粒重25.6克。中感大豆花叶病毒病SC3株系，抗SC7株系。

9. 苏豆21　江苏省农业科学院经济作物研究所选育。中熟夏大豆品种，出苗较快，苗势较强。植株直立，有限结荚习性，抗倒性较好。幼茎基部绿色，叶片椭圆形，白花，棕毛。成熟时荚浅褐色，弯镰形。落叶性好，不裂荚。籽粒椭圆形、黄色、微光，种脐深褐色。生育期为106天。株高58.5厘米，底荚高12.0厘米，有效分枝数3.5个，主茎节数14.1节，单株结荚45.3个，每荚2.2粒，百粒重25.6克。抗大豆花叶病毒病SC3和SC7株系。

10. 洛豆1号　洛阳农林科学院选育。黄淮海夏大豆品种，夏播生育期平均109天。株型收敛，有限结荚习性。株高69.5厘米，主茎14.4节，有效分枝数2.7个，底荚高14.4厘米，单株有效荚数44.9个，单株粒数79.7粒，单株粒重19.2克，百粒重23.9克。叶卵圆形，紫花，灰毛。籽粒椭圆形，种皮黄色、微光，种脐浅褐色。接种鉴定，中抗花叶病毒病3号株系，抗花叶病毒病7号株系，高感胞囊线虫病1号、2号生理小种。

11. 金豆99　宿州市金穗种业有限公司选育。中熟夏大豆品种。有限结荚习性，紫花，灰毛，椭圆形叶片。籽粒椭圆形、黄色、淡褐脐。成熟时全落叶，不裂荚，抗倒伏。平均株高74.6厘米，底荚高20.3厘米，有效分枝数2.1个，单株荚数32.5个，单株粒数75.4粒，百粒重22.0克。全生育期

102天左右。

12. **皖豆37** 安徽省农业科学院作物研究所选育。有限结荚习性，白花，灰毛，椭圆形叶片。籽粒椭圆形、黄色、褐脐。成熟时豆荚呈草黄色，全落叶，不裂荚，抗倒伏。平均株高59.4厘米，底荚高16.2厘米，有效分枝数1.1个，单株荚数33.2个，单株粒数67.7粒，百粒重20.3克。全生育期105天左右。

13. **齐黄34** 山东省农业科学院作物研究所选育。黄淮海夏大豆品种，夏播生育期平均105天。株型收敛，有限结荚习性。株高87.6厘米，主茎17.1节，有效分枝数1.3个，底荚高23.4厘米，单株有效荚数38.0个，单株粒数89.3粒，单株粒重23.1克，百粒重28.6克。叶卵圆形，白花，棕毛。籽粒椭圆形，种皮黄色、无光，种脐黑色。接种鉴定，高抗花叶病毒病3号株系，抗花叶病毒病7号株系，高感胞囊线虫病1号生理小种。

齐黄34

14. **菏豆33** 山东省菏泽市农业科学院选育。黄淮海夏大豆品种，生育期平均102天。株型收敛，有限结荚习性。株高62.7厘米，主茎14.1节，有效分枝数1.0个，底荚高19.2厘米，单株有效荚数39.2个，单株粒数80.9粒，单株粒重18.5克，百粒重24.3克。叶卵圆形，白花，棕毛。籽粒椭圆形，种皮黄色、有光泽，种脐浅褐色。接种鉴定，抗花叶病毒病3号株系和7号株系，高感胞囊线虫病2号生理小种。

菏豆33

15. 菏豆12 山东省菏泽市农业科学院选育。黄淮海夏播品种，生育期100～103天。有限结荚习性。株型收敛，根系发达。叶片较大、卵圆形。开紫花，灰白色茸毛，成熟时荚皮呈黄褐色，不炸荚。株高70～80厘米，主茎16～18节，有效分枝1～3个，一般单株结荚30～40个，单株粒数60～90粒。籽粒椭圆形、黄种皮、褐脐，百粒重25～30克。抗大豆花叶病毒病、根腐病和霜霉病，抗倒伏。

16. 中黄301 中国农业科学院作物科学研究所选育。黄淮海夏大豆品种，夏播生育期平均98天。株型收敛，有限结荚习性。株高80.7厘米，主茎16.9节，有效分枝数1.9个，底荚高15.1厘米，单株有效荚数54.6个，单株粒数110.7粒，单株粒重17.8克，百粒重16.2克。叶卵圆形，紫花，灰毛。籽粒椭圆形，种皮黄色、微光，种脐黄色。接种鉴定，抗花叶病毒病3号、7号株系，中感胞囊线虫病1号生理小种，高感胞囊线虫病2号生理小种。

17. 郑1307 河南省农业科学院经济作物研究所选育。黄淮海夏大豆品种，夏播生育期104天。株型收敛，有限结荚习性。株高75.9厘米，主茎节数17.7个，有效分枝数1.6个，底荚高17.1厘米，单株有效荚数56.5个，单株粒数105.9粒，百粒重16.9克。叶卵圆形，紫花，灰毛。籽粒圆形，种皮黄色、有光泽，种脐褐色。中感花叶病毒病3号株系，抗花叶病毒病7号株系，高感胞囊线虫病2号生理小种。

4

第四章 》》

大豆玉米带状复合种植田间管理

第一节 播前准备

一、种子处理

进行大豆玉米带状复合种植，播种前最好进行种子处理，特别是要进行包衣或者拌种，可以有效预防大豆、玉米苗期病虫害。

（一）玉米

选择高质量的种子是获得玉米高产的保证。玉米要选用株型紧凑、抗倒抗病、中矮秆、适宜密植和机械化收获的高产品种。

1. 精选种子 玉米应选择精选后包衣的商品种子，要确保种子质量要求达到国家二级标准以上，无霉变粒和破损粒，种子大小、粒型一致，籽粒饱满，色泽良好。种子纯度≥98%，发芽率≥95%，净度≥98%，水分≤13%。

2. 播前晒种 选好的玉米商品种子，有条件的要在播种前1周，选择晴朗无风的天气，将种子摊开在阳光下翻晒2～3天。这样可打破种子休眠，杀死部分病菌，提高发芽势和发芽率。

3. 种子包衣 玉米一般选用包衣的种子。没有包衣的，每100千克玉米种子可用29%噻虫·咯·霜灵悬浮种衣剂470～560毫升进行种子包衣，可以有效预防地下害虫和玉米苗期病虫害。对已购包衣的玉米商品种子，如果进行二次包衣，一定要明确知道第一次包衣的种衣剂药剂类型和用量，防止因种衣剂过量而影响玉米出苗。种子包衣后要在阴凉、通风处晾干，后再播种。注意不能晒干。

（二）大豆

带状复合种植的大豆先要选择高品质的精选良种，同时选用适合当地种植、耐阴抗倒、株型收敛、有限结荚、宜机收的中早熟高产品种。

1. **精选种子**　最好选用经过包衣的商品种子。种子质量要求达到国家二级标准以上，纯度≥98%，净度≥99%，发芽率≥90%，水分≤13%。

2. **播前晒种**　播种前10天左右，选择晴天中午翻晒1～2天。摊晒均匀，可以增强种子活力，提高发芽势。

3. **种子包衣**　每100千克大豆种子用6.25%咯菌腈·精甲霜灵悬浮种衣剂300～400毫升进行种子包衣；或者用26%多·福·克（多菌灵+福美双+克百威）悬浮种衣剂，药种比1∶60，进行种子包衣处理；也可选用30%吡醚·咯·噻虫等种衣剂进行种子包衣或拌种。可有效预防地下害虫和大豆苗期病害。

大豆种子药剂拌种

4. **微肥拌种**　建议每亩用50～100克根瘤菌拌种，或用钼酸铵按1∶200，或用1%磷酸二氢钾拌种，效果更好。注意要先用微肥拌种，阴干后再进行种子包衣。

包衣的种子要阴干或晾干，不能在高温天气下暴晒。拌种后，必须当天播种用完。

二、播种机械

机械播种是大豆玉米带状复合种植最关键的技术环节，因机具性能、地块条件、天气条件、操作水平、栽培农艺条件等因素导致农机性能不稳定，如播种排量稳定性、各行排量一致性、排种均匀性和播种均匀性、穴粒数合格率、粒距合格率、播深稳定性、种子破损率等受到影响，不能实现精量播种。另外，由于机手运行速度快、操作不规范等原因，影响播种质量。因此，要选择质量有保证的播种机具，加强机手培训力度，提高播种质量，为一播全苗打好基础。

（一）一体机播种

1. 3：2种植模式 大豆玉米带状复合种植3：2模式，可以使用大豆玉米一体化播种机进行播种。

3：2模式大豆玉米一体化播种机

2. 4：2种植模式 生产上可选用的4：2种植模式机械很多，可以使用大豆玉米一体化播种机进行播种。

4：2模式大豆玉米一体化播种机

生产上常用的大豆玉米一体化播种机

（二）两台机械播种

大豆玉米带状复合种植4：3、6：3、4：4、6：4等模式，可以分别使用大豆、玉米专用播种机，两台机械同时进行播种。

玉米、大豆专用播种机分别进行播种

三、灭茬造墒

黄淮海地区小麦收割后，及时灭茬，适墒播种。墒情不好的，要及时浇水造墒，以保证播种质量。适宜播种时间为6月10～25日，播种深度3～5厘米。

小麦收获时，要尽量降低秸秆留茬的高度，为了便于播种，一般留茬要求低于20厘米，并且秸秆要均匀抛撒，粉碎长度小于5厘米。如果小麦秸秆留茬过高，特别是在20厘米以上的，要在晴天午后用秸秆还田机进行小麦秸秆灭茬处理后，待墒情适宜时再播种。如果墒情不好，要尽快浇水造墒以提高出苗率，保证出苗质量。

播种前小麦灭茬

第二节　播种及田间配置

一、播种要求

进行大豆玉米带状复合种植，4：2种植模式可以采用2BMZJ-6型、2BMFJ-PBJZ6型或生产上常用的大豆玉米一体化播种机，其他种植模式如4：3、6：3、4：4、6：4模式等，目前没有成熟配套的一体化播种机，可以分别使用两台机械，玉米、大豆单独同时播种，单粒免耕精播，播种深度为3～5厘米，要深浅一致。

采用大豆玉米一体化播种机，在尽量降低小麦留茬高度的同时，要严格机械精播程序，播种密度、行株距、播深、喷药量等指标都要达到农艺要求。行距、株距和播深均匀一致，一般不进行镇压（沙壤土除外）。

二、田间配置

大豆玉米带状复合种植技术，根据土壤肥力，大豆一般株距10厘米，播种密度7 600～10 000株/亩，播量2.5～3.0千克/亩；玉米株距10～15厘米，播种密度3 800～4 800株/亩，播量1.5～2.0千克/亩，密度与单作相当。

（一）大豆玉米带状复合种植3：2模式

采用大豆玉米一体化播种机播种。可以麦后直播。为了提高播种质量，有条件的也可以收获小麦后，先灭茬再播种。

大豆玉米带状复合种植3：2模式，带宽2.3米，玉米2行，行距40厘米，株距12厘米，播种密度4 800株/亩左右；大豆3行，行距30厘米，株距10厘米，播种密度8 700株/亩左右，大豆与玉米的带间距65厘米。

大豆玉米一体化播种机不灭茬播种　　　　大豆玉米一体化播种机灭茬后播种

大豆玉米一体化播种机不灭茬播种出苗情况

大豆玉米一体化播种机整地后播种及播后出苗情况

（二）大豆玉米带状复合种植4：2模式

采用大豆玉米一体化播种机播种。可以麦后直播，有条件的也可以收获小麦后，先灭茬再播种。

大豆玉米带状复合种植4：2模式，带宽2.6 ～ 2.7米，玉米2行，行距40厘米，株距10厘米，播种密度4 800株/亩左右；大豆4行，行距30厘米，株距10厘米，播种密度10 000株/亩左右，玉米带与大豆带的间距65 ～ 70厘米。

大豆玉米一体化播种机灭茬后播种及播后出苗情况

大豆玉米一体化播种机不灭茬播种及播后出苗情况

 三、规范播种

（一）适宜播期

在黄淮海地区，大豆、玉米均可以夏播种植，生育期较短，一般在 110 天左右。因此，大豆玉米带状复合种植的适宜播种时间为 6 月 5 ～ 20 日，可以适当早播，播种深度 3 ～ 5 厘米。播种过晚，玉米、大豆不能正常成熟，将影响产量，造成严重减产，且籽粒不饱满，影响销售质量。小麦收获后，墒情适宜要抢时播种，越早越好，最迟 6 月 25 日前结束播种。在玉米粗缩病连年发生的夏播区域，玉米适宜播期为 6 月 10 ～ 15 日。

6月雨水集中，一定要密切关注天气预报，不要在大雨的前一天播种，防止雨后土壤板结，造成大豆顶苗，影响出苗质量。

（二）种肥同播

大豆玉米带状复合高效种植，使用大豆玉米一体化播种机播种，施肥与播种同时进行，实现种肥同播。玉米施肥按单作需肥量施用，一般每亩可施氮磷钾缓控释肥30～40千克，要求氮磷钾总含量在45%以上，特别是氮含量要在25%左右。大豆玉米带状复合种植采用减量施肥技术，与常规施肥相比，每亩可减少氮肥4千克，在距离玉米带25厘米处施肥，玉米攻穗肥和大豆底肥合并施用。由于大豆少施或不施氮肥，后期如因基肥或种肥不足，大豆苗瘦弱或出现脱肥症状，可在初花期前结合浇水追施尿素2～3千克/亩和硫酸钾3～6千克/亩，或通过无人机叶面喷施0.2%～0.5%浓度的磷酸二氢钾和尿素混合液，以延长叶片功能期，提高产量。

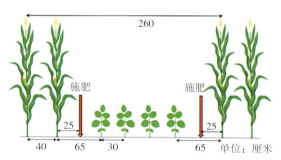

4：2带状复合种植模式施肥技术示意图

第三节　施肥

一、种肥

（一）玉米

大豆玉米带状复合种植时，玉米施肥按单作需肥量施用，

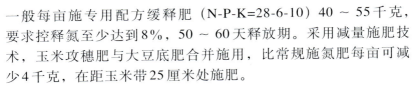

一般每亩施专用配方缓释肥（N-P-K=28-6-10）40～55千克，要求控释氮至少达到8%，50～60天释放期。采用减量施肥技术，玉米攻穗肥与大豆底肥合并施用，比常规施氮肥每亩可减少4千克，在距玉米带25厘米处施肥。

（二）大豆

大豆苗期根瘤菌不能固氮，要从土壤和植物体中吸收养分。带状复合播种时，可适量增施肥料，有利于培育壮苗和根瘤生长。结合播种，每亩施大豆专用配方肥（N-P-K = 12-18-16）10～15千克，注意种、肥分离，肥料施于种下及侧方各8～10厘米处，防止烧苗。根据土壤肥力不同，适当增减施肥量。

 ## 二、追肥

（一）玉米

玉米整个生育期吸收肥料的时间比较长，所需肥料的量也大，为了实现高产高效，单靠播种时施入的氮磷钾复合肥往往不能满足玉米生长的需要，有条件的需要适时进行追肥。玉米追肥需要掌握作物对养分吸收的临界期和效率期，尽量做到在营养盛期进行科学追肥，这样才能提高肥料的利用率，充分发挥增产作用。玉米追肥一般在拔节后到大喇叭口期，正是决定玉米穗长穗粗的关键时期，追肥能满足拔节孕穗对养分的需要，促进穗分化，使玉米穗大粒多，玉米增产效果明显。追肥以重施氮肥为主，亩追施尿素10～15千克，在大豆、玉米之间的行侧机械开沟深施，可采用小型中耕施肥机进行施肥作业。如在地表撒施，一定要结合灌溉或有效降雨进行，防止造成肥料损失。

（二）大豆

没有施种肥的，在带状复合种植大豆分枝至开花期（播种后20～40天），追施氮磷钾复合肥5～10千克/亩。开花后未封垄的，可追施大豆专用肥或氮磷钾复合肥10千克/亩。对于土壤肥力差，植株长势较弱、发育不良的大豆，可提前7～10天追肥，并增加追肥数量。

中耕培土是提高水肥利用率的有效途径，有条件的，可在玉米行间和大豆行间进行中耕，要先浅后深，在真叶展开后，晴天及早进行。利用中耕追肥机完成施肥、中耕、培土、除草等作业，可壮苗防倒、保墒保水。

土壤肥力不足的地块，可在鼓粒初期（播种后60天左右）追施氮磷钾复合肥10千克/亩，保荚、促鼓粒，增加单株有效荚数、单株粒数和百粒重。

 ## 三、叶面肥

（一）玉米

玉米各生育期如果因土壤养分不足或缺少微量元素，可适量喷施叶面肥来补充营养。

1. 苗期　玉米苗期如果植株生长缓慢矮小，叶色退淡，叶片从叶尖开始变黄，是缺氮的症状，可叶面喷施0.2%～0.5%尿素溶液；如苗期出现花白苗，叶片具浅白条纹，由叶片基部向顶部扩张，可用0.2%～0.3%硫酸锌溶液叶面喷施。

2. 穗期　玉米进入穗期（从拔节至抽雄穗这一阶段），植株生长旺盛，对矿质养分的吸收量最多，吸收强度最大，是玉米一生中吸收养分的重要时期。除了追施穗肥之外，可根据长势适时补充适量的微肥，一般用0.2%硫酸锌溶液进行全株喷施，每隔5～7天喷1次，连喷2次；也可每亩用磷酸二氢钾150克，对水50千克，均匀地喷到玉米植株上中部的绿色叶片上，一般喷1～2次即可。

3. 花粒期　进入花粒期，玉米根、茎、叶等营养器官增长停止，继而转向以开花、授粉和籽粒灌浆为主的生殖生长阶段。这时根系吸收土壤养分的能力逐渐下降，若玉米下部叶片发黄，脱肥比较明显，可用0.4%～0.5%磷酸二氢钾溶液进行喷施，达到养根保叶、防止植株早衰的效果。叶面肥喷施时，应避开烈日，上午10时以前和下午4时以后喷施效果最佳。喷后2小时内遇雨应重喷。

（二）大豆

1. 苗期　没有施种肥的，大豆苗期可喷施生根壮苗叶面肥2～3次，结合防病治虫同时进行。

2. 开花期　开花期，大豆营养生长和生殖生长进入旺盛期，需要养分增多。如果土壤肥力较差，或带状复合种植播种时没有施种肥的大豆，到生长中后期就会出现脱肥现象，表现为花荚少、脱落多、叶色淡、茎秆细弱、生长缓慢、营养不足，影响植株的生长和结荚数量，降低产量。叶面喷肥主要是弥补养分不足，减少脱荚，提高粒重。

初花期结合中耕培土，每亩追施尿素或氮磷钾复合肥5～6千克。同时可叶面喷施0.4%磷酸二氢钾、0.4%硼肥和锌肥、0.1%钼酸铵溶液，40～50千克/亩，保证营养供给，促进开花结荚，确保花荚的正常发育，提高结荚率，籽粒饱满，提高大豆产量和品质。

3. 鼓粒期　如发现脱肥现象，可叶面喷施0.2%尿素40～50千克/亩，以保证籽粒饱满。鼓粒中后期，一般地块要着重进行叶面喷肥，隔7～10天喷施0.3%磷酸二氢钾和0.1%钼酸铵1次，连续喷施1～2次，可延缓大豆叶片衰老，促进鼓粒，增加百粒重，提高产量。

第四节　水分管理

一、适墒播种

玉米是单子叶植物，可以先浇水造墒再播种，或者先播种再浇水。但大豆是双子叶植物，对土壤水分状况要求相对严格，要在土壤墒情适宜的条件下，抓紧时间播种，才能提高播种质量。适宜墒情标准一般要求土壤相对含水量为70%～80%，即手抓起土壤，握紧能结成团，1米高处放开，落地后能散开。如果土壤墒情不足，可在小麦收获前先浇水，小麦成熟收获后适墒播种；或者小麦收获后尽快浇水造墒，再适墒播种；或者播种后马上进行微喷，一定要注意浅播种，少喷水，田间尽量不要有积水，以免土壤板结，影响大豆出苗。如果墒情适宜，可在小麦收获后尽早抢墒播种。

适宜墒情播种

 ## 二、关键时期

（一）玉米

玉米播种至出苗期，需水量少。出苗至拔节期，植株矮小，生长缓慢，叶面蒸腾量少，耗水量不大。拔节至抽雄期，玉米拔节后，进入旺盛生长阶段，特别是抽雄前10天左右，耗水量增加，为需水临界期的始期。抽雄至籽粒形成期，植株代谢旺盛，对水分要求达到高峰，亩日耗水量达$3.2 \sim 3.7$米^3。籽粒形成至蜡熟期，是玉米籽粒增重最迅速和粒重建成时期，是决定产量的重要阶段，该时期缺水会导致粒重降低而减产。蜡熟至完熟期，籽粒进入干燥脱水阶段，仅需少量水分来维持植株生命活动，保证其正常成熟。

（二）大豆

大豆生育前期即从播种、出苗到分枝期，需水量约占总需水量的30%，其中播种到出苗需水量占总需水量的10%，出苗到分枝需水量占总需水量的20%。随着大豆生长对水的需求逐渐增加，在分枝、开花、结荚到鼓粒期，需水量达最高峰，占总需水量的

55%以上。其中，分枝、开花、结荚3个阶段需水量占全生育期总需水量的34.8%，特别是开花到结荚期是大豆一生中需水的关键期；结荚到鼓粒需水量约占总需水量的25.8%，也是大豆需水的重要时期。

 ### 三、防旱排涝

科学灌排，不仅是作物的生理需要，更重要的是以水调温、以水调肥、以水调气，促进作物增产的重要措施，达到节水、优质、高产的目的。

（一）抗旱

玉米、大豆生长过程中，某一生育阶段缺水，会直接影响生育阶段，还会影响以后阶段的生长发育及干物质积累。

1.玉米　玉米是起源于热带、亚热带地区的C4高光效作物，喜暖湿气候，对水分极为敏感。玉米植株体内的水分通过根系从土壤中获得，因此土壤水分状况对玉米生长发育有重要的影响。当田间干旱缺水时，玉米植株光合作用会受到影响，光合强度降低，不利于玉米各器官的生长发育。

（1）播种期　要实现玉米高产、稳产，苗全、苗壮是前提。相关研究表明，玉米出苗的适宜土壤水分含量为80%左右田间持水量，土壤过干、过湿，均不利于玉米种子发芽、出苗。在黄淮海地区，夏玉米播种时间一般在6月上、中旬，此时农田土壤的水分已被小麦消耗殆尽，又是干旱少雨季节，耕层土壤水分不利于夏玉米出苗，下层土壤水分也不能及时向上层移动供给种子发芽以满足出苗需要。这时如果播种，只有靠浇水或降水，否则不能及时出苗，更不能保证苗全、苗壮。因此，播种时要根据土壤墒情及时浇水，可在小麦收获前浇水造墒，麦收后适墒播种；或小麦收后尽快浇水造墒，再播种；或播后微喷、滴灌浇"蒙头水"。

（2）苗期　玉米从出苗到拔节的前阶段为苗期，为了促进根系生长可适当控水蹲苗，以利于根系向纵深发展。此时根系生长快，根量增加，茎部节间粗短，利于提高后期的抗倒伏能力。但是否蹲苗应根据苗情而定，经验是"蹲黑不蹲黄、蹲肥不蹲瘦、蹲湿不蹲干"。玉米苗黑绿色、地力肥沃、墒情好的地块可以蹲苗；反之，苗瘦、苗黄、地力薄的不宜蹲苗。

（3）拔节期 拔节初期（小喇叭口期，一般在7月上旬），玉米开始进入穗分化阶段，属于水分敏感期，此阶段夏玉米对水分的敏感指数仅次于抽穗灌浆阶段，这个时期如果高温干旱缺水会造成植株矮小，叶片短窄，叶面积小，还会影响玉米果穗的发育，甚至雄穗抽不出，形成"卡脖旱"。尤其是近几年高温干旱热害天气出现的时间比较长，直接影响玉米后期生长发育，果穗畸形、花粒，进而造成减产。此时如果土壤干旱应及时灌水，或者使用喷灌、滴灌来改善田间小环境，确保夏玉米拔节、穗分化与抽穗、穗部发育等过程对水分的需求。

（4）花粒期 夏玉米从抽雄穗开始到灌浆为水分最敏感时期，此时要求田间土壤含水量在80%左右为宜。俗话说"春旱不算旱，秋旱减一半"，可见水分在这个时期的重要性。如果土壤水分不足，就会出现抽穗开花持续时间短，不孕花粉量增多，不能授粉或授粉不全，雌穗花丝寿命短，空秆率上升，籽粒发育不良，穗粒数明显减少，秃尖多等现象，造成严重减产。黄淮海地区7～9月降水较多，一般情况下，不需要灌水就可以满足玉米的正常生长发育。但有时还有伏旱发生，必须根据墒情及时灌水。

2. 大豆 大豆根系不发达，且需水量较大，对水分胁迫十分敏感。干旱不仅影响大豆植株的生长发育，并且会影响大豆的品质与产量。在所有影响大豆产量的因子中，干旱对大豆产量的影响最为严重，特别是鼓粒期干旱对大豆产量影响最大，其次是花荚期干旱，营养生长期干旱影响最小。夏大豆生长发育期内耗水量大且对水分反应敏感，需要消耗600～800克的水才能形成1克的干物质，由此可见，大豆生长发育过程中需要消耗大量的水。大豆是需水量较多的作物，不同生育时期，对水分的需求量有着显著差异，大豆的水分临界期主要是种子萌芽期、开花结荚期和鼓粒期，特别是花荚期对水分需求量最大。干旱的程度越大对大豆产量的影响越大，有的其至会绝产。

（1）苗期　夏大豆苗期供水量的多少是影响其产量的重要因素。大豆萌芽期遭遇干旱，严重影响大豆出苗，难以保证群体密度，不能达到苗全、苗壮、苗匀的目的。由于大豆苗期的叶片比较小，不能完全覆盖土壤，使土壤被太阳直接照射，最终导致上层土壤水分迅速蒸发，而且发育不完整的大豆苗期根系很难吸收到深层土壤中的水分，所以要想保持上层土壤的水分就必须及时进行灌溉，这样才能保证根系正常吸水，保证植株正常生长。大豆足墒播种，在出苗15天以内，除非过于干旱或苗弱，一般不必浇水。土壤含水量少些，能促进根系下扎，防止后期倒伏，起蹲苗的作用。

（2）开花期　俗话说，"大豆开花，垄沟摸虾；干花湿荚，亩收石八（丰收）。"说明水分在大豆的开花、结荚、鼓粒期是十分重要的。如果开花后4～7周时缺水7天，可减产36%，所以要及时灌水。

由于花荚期是大豆营养生长与生殖生长并行的时期，是大豆生长最需水的时期，此时大豆对水分的变化感知度更灵敏，需水量大，干旱会影响大豆产量。开花期是大豆需水的关键时期，代谢旺盛，耗水量大。如天气连续干旱或降水少（土壤含水量低于65%），导致植株生理缺水（中午叶片出现萎蔫），易引起大量落花落荚，同时会造成有效结荚减少，秕荚数增加，单株荚数下降，单株粒数减少。因此，要积极采取"三沟配套"（畦沟、腰沟、边沟）等措施，提高水分利用率，充分利用自然降水，或采用喷灌或滴灌等经济灌溉方式浇水，以有效增加单株荚数、粒数和粒重。没有灌水条件时，至少要在盛花期灌水一次。灌水原则是小水勤浇细灌，渗湿土壤，切忌大水漫灌，田间有积水要及时排出，否则易引起豆叶卷曲发黄、根部霉烂。

（3）结荚鼓粒期　大豆结荚鼓粒期，是大豆对水分最敏感的时期，同时是大豆籽粒发育和产量形成的关键时期，此时干旱会对大豆的产量和种子的质量有很大影响，导致大豆百粒重下降，单荚粒数减少，秕荚数量增多，还会影响大豆鼓粒进程和籽粒品质，有时会造成植株早衰而提前成熟，从而直接导致产量大幅度下降。因此，大豆结荚鼓粒期干旱时，应适时适量灌水，小水细灌，以利于养分向籽粒输送，增加粒重并延长鼓粒天数。

如遇天气连续干旱（田间持水量低于70%），最好在下午3时以后至第二天上午11时以前浇水灌溉，以满足大豆的生理需求，维持叶片和根系的活力，使其正常生长发育，以水攻粒对提高大豆产量和品质有明显效果。要小水浇灌，最好是田间无积水、地表不板结。大豆鼓粒后期，要求充足的阳光和干燥的环境，以利于籽粒脱水，促进早熟。

（二）防渍

大豆玉米带状复合种植时，对容易发生内涝的地块，要采用机械排水和挖沟排水等措施，尽快排出田间积水和耕层滞水，有条件的可以中耕松土施肥，或喷施叶面肥。

1.玉米

（1）播种期　土壤干旱缺水影响玉米种子发芽与出苗，但土壤过湿、含水量偏高也不利于玉米出苗。若玉米播种后浇完水遇到降雨，造成田间耕层土壤水分偏高，土壤通气性变差，时间过长易造成烂种。为此，播种出苗时要求对过湿的地块进行排水，为玉米籽粒萌芽出苗创造好的条件。

（2）苗期　玉米苗期怕涝不怕旱。黄淮海地区春季多旱，只要灌好播前水或"蒙头水"，土壤有好的底墒，就可以苗齐、苗全、苗壮。倘若土壤含水量过多，就会影响根系在土壤中吸收养分，植株发育不良。因此，应做好田间排水，避免苗期受涝渍危害。

（3）拔节期　玉米进入拔节期后是玉米由单纯的营养生长转为营养生长与生殖生长并行的时期。此期间营养生长旺盛，生殖器官逐渐分化形成，是玉米雌雄穗分化的主要时期。这个时期玉米需要有充足的土壤水分，但遇有暴雨积水，水分过多时也会影响玉米的发育，涝渍较严重的地块注意排湿除涝，增加根部活性，结合喷施叶面肥，促进水肥吸收。

（4）花粒期　黄淮海地区夏玉米灌浆期正值雨季，此时营养体已经形成并停滞生长，尤其是玉米生长中后期，根系的活力逐渐减退，耐涝程度逐渐减弱。因此，必须做好雨季的防涝除渍准备，及时疏通排水沟，在遇到暴雨或连阴雨时要立即排涝，对低洼田块在排涝以后最好进行中耕，破除板结，疏松土壤，改善根际环境，延长根系活力，减少涝灾的危害。

2. 大豆　田间渍水是大豆生产中常见的灾害现象，容易胁迫抑制大豆植株生长，扰乱大豆正常生理功能，使大豆产量和品质受到严重影响。近几年，黄淮海地区8～9月，正是夏大豆结荚鼓粒期，常发生大雨天气，阶段性涝害时有发生，给大豆生产带来了严重的影响。

（1）苗期　大豆播种后，要及时开好田间排水沟，使沟渠相通，保证降雨时畦面无积水，防止烂种。如果雨水较大，田间出现大量积水时，要及时疏通沟渠排出积水，避免产生渍害，影响玉米、大豆生长。

（2）开花期　大豆虽然抗涝，但水分过多也会造成植株生长不良，造成落花落荚，甚至倒伏。如果开花期降水量大，土壤湿度超过田间持水量80%以上时，大豆植株的生长发育同样会受到影响。如遇暴雨或连续阴雨造成田间渍水时，低洼地块要注意排水防涝，应及时排出田间积水，促进植株正常生长。

（3）结荚鼓粒期　为大豆生殖生长旺盛时期，对水分需求量较大。如遇暴雨天气，土壤积水量过多，会引起后期贪青迟熟，倒伏秕粒。因此，要及时排出田间积水，有条件的可在玉米行间和大豆行间进行中耕，以除涝散墒。

第五节　化控技术

在适当的时期利用化学药剂进行调控，能够有效控制作物旺长，降低植株高度，增强茎秆抗倒性，减少倒伏，提高田间通风透光能力，有利于机械化收获。特别是大豆玉米带状复合种植时，由于光照条件的限制，大豆易倒伏，结荚少，产量低，而初花期叶面喷施多效唑能改善大豆株型，延长叶片功能期，促进植株健壮生长，减少落花落荚，提高大豆产量。

 ## 一、玉米

在大豆玉米带状复合种植时，玉米的密度相较于大田单作时有一定增加，加大了玉米倒伏的风险。在玉米生长过程中，适期喷施化学调节剂能够有效防止玉米倒伏，控制旺长，提高产量，利于机械收获。

（一）化控药剂

玉米化控常用的调节剂有乙烯利、玉米健壮素、缩节胺、矮壮素等单剂。市场上不同名称的调节剂较多，大多是上述化学药剂的单剂或混剂。

（二）施药时期

根据化学调节剂的不同性质选择施药时期，一般最佳施用时期为玉米 7 ～ 10 叶期（完全展开叶）。

（三）施用方法

对于玉米苗期施用氮肥过多，或雨水较大，往往会造成幼苗徒长。根据玉米长势，在玉米 7 ～ 10 叶展开期，可选用 25% 甲哌鎓水剂 300 ～ 500 倍液，全株均匀喷雾，适度控制株高，增强抗倒能力，改善群体结构。也可以每亩选用 30% 玉黄金水剂（主要成分是氨鲜酯和乙烯利）10 毫升，对水 15 千克，均匀喷洒在叶片上；或用缩节胺（商品名称助壮素）每亩 20 ～ 30 毫升，对水 40 千克，在玉米大喇叭口期喷施。喷药时要均匀喷洒在上部叶片上，不要重喷、漏喷，喷药后 6 小时内如遇雨淋，可在雨后酌情减量再喷施一次。

（四）注意问题

玉米化控的原则是喷高不喷低，喷旺不喷弱，喷绿不喷黄。施用玉米化控调节剂时，一定要严格按照说明配制药液，不得擅自提高药液浓度，并且要掌握好喷药时期。喷得过早，会抑制玉米植株正常的生长发育，造成玉米茎秆过低，影响雌穗发育；喷得过晚，既达不到应有的效果，还会影响玉米雄穗的分化，导致花粉量少，进而影响授粉和产量。

二、大豆

在黄淮海地区，大豆玉米带状复合种植时，由于两者同期播种，共生期长，夏大豆出苗后需要经历较长时间的荫蔽环境，致使大豆徒长，容易造成倒伏，不仅影响后期大豆产量，也不利于机械化收获。因此，要根据带状复合种植大豆的田间长势，适时进行化控，主要是控制大豆旺长，防止倒伏，有利于机械化收获，减少损失。

（一）化控药剂

大豆化控常用的生长调节剂有烯效唑、多效唑等。烯效唑是一种高效低毒的三唑类新型植物生长调节剂，与同类三唑类和多效唑相比，烯效唑处理对大豆的化控效果好，无残留，并且能矮化植株，茎粗、分枝数、结荚数不同程度增加，抗倒伏能力增强。

（二）施药时期及方法

大豆化控可以分别在播种期、始花期进行，利用烯效唑处理可以有效抑制植株顶端优势，促进分枝发生，延长营养生长期，培育壮苗，改善株型，利于田间通风透光，减轻玉米对大豆的荫蔽作用，利于解决大豆和玉米生产上争地、争时、争光的矛盾，为获取大豆高产打下良好的基础。

1. 播种期　大豆播种前种子用5%的烯效唑可湿性粉剂拌种，可有效抑制大豆苗期节间伸长，显著降低株高，达到防止倒伏的效果，还能够增加主茎节数，提高单株荚数、百粒重和产量，但拌种处理不好会降低大豆田间出苗率，因此，一定要严格控制剂量，并且科学拌种。可在播种前1～2天，每千克大豆种子用5%烯效唑可湿性粉剂6～12克拌种，晾干备用。

2. 分枝期到开花前　夏播由于降水量增大，高温高湿天气容易使大豆旺长，造成枝叶繁茂、行间郁闭，易落花落荚。长势过旺、行间郁闭的带状复合种植大豆，在分枝至初花期可每亩叶面喷施10%多效唑·甲哌鎓（多效唑2.5%＋甲哌鎓7.5%）可湿性粉剂65～80克，对水30千克，或喷施5%烯效唑可湿性粉剂600～800倍液，控制节间伸长和旺长，促使大豆茎秆粗壮，降低株高，不易徒长，有效防止大豆后期倒伏、影响产量和收获质量。一定要根据带状复合种植大豆的田间生长情况施药，并严格控制化控药剂的施用量和施用时间。施药应在晴天下午4时以后进行，若喷药后2小时内遇雨，需天晴后再喷一次。

（三）注意问题

大豆玉米带状复合种植时，可以利用烯效唑通过拌种、叶面喷施等方式，来改善大豆株型，延长叶片功能期与生育期，合理利用温、光条件，促进植株健壮生长，防止倒伏。但一定要严格控制烯效唑的施用量和施用时间。如果不利用烯效唑进行拌种，而采用叶面喷施化学调控药剂时，一般要在开花前进行茎叶喷施，化控时间过早或烯效唑过量，均会导致大豆生长停滞，影响产量。综合考虑烯效唑拌种能提高大豆出苗率，又利于施用操作和控制浓度，可研究把烯效唑做成缓释剂，对大豆种子进行包衣，简化烯效唑施用，便于大面积推广。

大豆喷施化控剂过量，抑制生长现象

第六节　病虫草害防治

坚持预防为主，综合防治，着力推广绿色防控技术，加强农业防治、生物防治、物理防治和化学防治的协调与配套，用低毒、低残留、高效化学农药有效控制病虫草危害，改善生态环境。

一、主要病害防治

（一）大豆病害

大豆田间病害主要有根腐病、立枯病、炭疽病、胞囊线虫病、病毒病、紫斑病、灰斑病（褐斑病）、霜霉病、锈病、白粉病。其中，苗期病害主要有根腐病、立枯病、炭疽病、胞囊线虫病等。

1. 根腐病

（1）危害症状 根腐病是大豆的一种重要土传病害，也是一种对大豆苗期危害较重的常发性病害，在大豆出苗前可以引起种子腐烂，出苗后可以引起植株枯萎。一般苗期感病植株表现为出苗差，近地表茎处出现水渍状病斑，叶片变黄萎蔫，严重时植株猝倒死亡。成株受侵染后下部病斑褐色，并可向上扩展，茎皮层变褐；根腐烂，根系发育不良；未死亡植株的荚数明显减少，空荚、瘪荚较多，籽粒缢缩，减产幅度达25%～75%，被害种子的蛋白质含量明显降低。连作时病害发生严重，幼株较成株感病性更强。根腐病在大豆整个生长发育期均可发生并造成危害。

（2）化学防治 最好的防治方法是用噻虫·咯·霜灵、噻虫嗪·咯菌腈等拌种或包衣。也可用70%甲基硫菌灵或70%代森锌可湿性粉剂500倍液灌根，或与生根壮苗叶面肥一起喷施，有一定效果。

大豆苗期根腐病危害状

大豆成熟期根腐病危害状

2. 立枯病

（1）危害症状 大豆立枯病又称黑根病，是大豆的一种苗期重要病害。主要侵染大豆茎基部或地下部，也侵害种子。病害严重年份，轻病田死株率在5%～10%，重病田死株率达30%以上。发病初期病斑多为椭圆形或不规则形，呈暗褐色，发病幼苗早期呈现白天萎蔫、夜间恢复的状态，并且病部逐渐凹陷、缢缩，甚至逐渐变为黑褐色。当病斑扩大绕茎一周时，整个植株会干枯死亡，但仍不倒伏。发病较轻的植株仅出现褐色的凹陷病斑而不枯死。当苗床的湿度比较大时，病部可见不甚明显的淡褐色蛛丝状霉。从立枯病不产生絮状白霉、不倒伏且病程进展慢，可区别于猝倒病。

（2）化学防治 该病以拌种或包衣防治为主。可用70%甲基硫菌灵或20%甲基立枯磷乳油500倍液进行喷雾防治。

大豆苗期立枯病危害状

3. 炭疽病

（1）危害症状　炭疽病是大豆的一种常见病害，各生长期均能发病。幼苗发病，子叶上出现黑褐色病斑，边缘略浅，病斑扩展后常出现开裂或凹陷，气候潮湿时，子叶变水渍状，很快萎蔫、脱落。病斑可从子叶扩展到幼茎上，致病部以上枯死。幼茎上生锈色小斑点，后扩大成短条锈斑，常使幼苗折倒枯死。

成株发病，叶片染病初期，生红褐色小点，后变黑褐色或黑色，圆形或椭圆形，中间暗绿色或浅褐色，边缘深褐色，后期病斑上生粗糙刺毛状黑点，即病菌的分生孢子盘。叶柄和茎染病后，病斑椭圆形或不规则形，灰褐色，常包围茎部，上密生黑色小点（分生孢子盘）。豆荚染病初期，初生水浸状黄褐色小点，扩大后呈褐色至黑褐色圆形或椭圆形斑，周缘稍隆起，四周常具红褐或紫色晕环，中间凹陷。湿度大时，病部长出粉红色黏质物（别于褐斑病和褐纹病），内含大量分生孢子。种子染病，出现黄褐色大小不等的凹陷斑。

大豆苗期炭疽病危害状

大豆生育后期炭疽病危害状

（2）化学防治　以拌种或包衣防治为主，也可用25%溴菌腈可湿性粉剂（炭特灵）2 000 ~ 2 500倍液，或50%多菌灵可湿性粉剂1 000倍液等进行喷雾防治。

4. 胞囊线虫病

（1）危害症状　大豆胞囊线虫病又叫大豆根线虫病，俗称

"火龙秧子"。其症状表现：苗期感病，子叶及真叶变黄，发育迟缓，植株逐渐萎缩枯死。成株感病，植株明显矮化，叶片由下向上变黄，花期延迟，花器丛生，花及嫩荚萎缩，结荚少而小，甚至不结荚。病株根系不发达，支根减少，细根增多，根瘤稀少，被害根部表皮龟裂，极易遭受其他真菌或细菌侵害而引起瘤烂，使植株提早枯死。发病初期病株根上附有白色或黄褐色如小米粒大小颗粒，此即胞囊线虫的雌性成虫。

大豆胞囊线虫病根瘤症状

（2）化学防治　该病主要使用SN101种衣剂按1∶70比例进行包衣，或用甲维盐（甲氨基阿维菌素苯甲酸盐）2 000倍液灌根，或用5%丁硫·毒死蜱颗粒剂按5千克/亩、10%噻唑膦按2千克/亩，拌土撒施。

5. 病毒病

（1）危害症状　大豆病毒病又称大豆花叶病毒病，是大豆的主要病害之一，危害大、难防治。一般年份减产15%左右，重发年份减产达90%以上，严重影响大豆的产量与品质。大豆整个生育期都能发病，叶片、花器、豆荚均可受害。轻病株叶片外形基本正常，仅叶脉颜色较深，重病株叶片皱缩，向下卷曲，出现浓绿、淡绿相间，呈波状；植株生长明显矮化，结荚数减少，荚细小，豆荚呈扁平、弯曲等畸形症状。发病大豆成熟后，豆粒明显减小，并可引起豆粒出现浅褐色斑纹。严重者有豆荚无籽粒。常见类型有：

①皱缩矮化型。病株矮化，节间缩短，叶片皱缩变脆，生长缓慢，根系发育不良。生长势弱，结荚少，也多有荚无粒。

②皱缩花叶型。叶片小，皱缩、歪扭，叶脉有泡状突起，叶

色黄绿相间，病叶向下弯曲，严重者呈柳叶状。

③轻花叶型。植株生长正常，叶片平展，心叶常见淡黄色斑驳。叶片不皱缩，叶脉无坏死。

④顶枯型。病株茎顶及侧枝顶芽呈红褐色或褐色，病株明显矮化，叶片皱缩，质地硬化，脆而易折，顶芽或侧枝顶芽最后变黑枯死，故称芽枯型。其开花期花芽萎蔫不结荚，结荚期表现为豆荚上有圆形或不规则褐色斑块，豆荚多为畸形。

⑤黄斑型。多发生于结荚期，与花叶型混生。病株上的叶片产生浅黄色斑块，多为不规则形。后期叶脉变褐，上部叶片呈皱缩花叶状。

⑥褐斑型。表现在籽粒上。病粒种皮上出现褐色斑驳，从种脐部向外呈放射状或带状扩展，其斑驳面积和颜色各不相同。

大豆生育后期病毒病症状

（2）化学防治 防治病毒病主要应控制蚜虫的传播，可用啶虫脒、吡虫啉防治蚜虫。也可用20%盐酸吗啉胍可湿性粉剂500倍液，或20%吗胍·乙酸铜可湿性粉剂（盐酸吗啉胍10%＋乙酸铜10%）200倍液，在发病初期进行喷雾防治，7～10天喷1次，连续喷洒2～3次。

6. 紫斑病、灰斑病

（1）危害症状　大豆紫斑病可危害其叶、茎、荚与种子，以种子上的症状最明显。苗期染病，子叶上产生褐色至赤褐色圆形斑，云纹状。真叶染病初生紫色圆形小点，散生，扩大后变成不规则形或多角形，褐色、暗褐色、边缘紫色，主要沿中脉或侧脉的两则发生；条件适宜时，病斑汇合成不规则形大斑；病害严重时叶片发黄，湿度大时叶正反两面均产生灰色、紫黑霉状物，以背面为多。阴雨连绵、低温寡照的情况下，症状最为明显。茎秆染病产生红褐色斑点，扩大后病斑形成长条状或梭形，严重的整个茎秆变成黑紫色，上生稀疏的灰黑色霉层。豆荚上病斑近圆形至不规则形，与健康组织分界不明显，病斑灰黑色，病荚内层生有不规则形紫色斑。荚干燥后变黑色，有紫黑色霉状物。大豆籽粒上病斑无一定形状，大小不一，多呈紫红色。症状因品种及发病时期不同而有较大差异。

大豆灰斑病又称褐斑病、斑点病或蛙眼病。目前大豆灰斑病已成为一种世界性病害，我国以黑龙江省发病最为严重。主要危害大豆的籽粒及叶片，侵染叶片后产生中央灰褐色、边缘褐色、直径为1～5毫米的蛙眼状病斑，侵染籽粒后产生的病斑与叶部产生的病斑相似。侵染幼苗子叶时可产生深褐色略凹陷的圆形或半圆形病斑，如遇低温多雨，则能迅速扩展蔓延至幼苗的生长点，使顶芽变褐枯死，形成中心为褐色或灰色、边缘赤褐色、圆形或不规则形病斑。与健全组织分界非常明显。当遇潮湿天气时，病斑背面因产生分生孢子及孢子梗而出现灰黑色霉层。病害严重时，叶片布满斑点，最终干枯脱落。茎部、荚部病斑与叶片部相似。种子受害轻时只产生褐色小斑点，重时形成圆形或不规则形病斑，稍凸出，中部为灰色，边缘红褐色。

（2）化学防治　可用70%甲基硫菌灵可湿性粉剂800～1 000倍液，或25%吡唑醚菌酯乳油1 000倍液进行喷雾防治，7～10天喷1次，连续喷洒2～3次。

大豆生育后期紫斑病田间症状

大豆生育后期灰斑病（褐斑病）田间症状

7. 霜霉病

（1）危害症状　从大豆苗期到结荚期均可发生，其中以大豆生长盛期为主要发病时期，能够危害大豆叶片、茎、豆荚及种子。种子带菌会造成系统性侵染，病苗子叶无症，幼苗的第一对真叶从叶片的基部沿叶脉开始出现退绿斑块，沿主脉及支脉蔓延，直至全叶退绿，复叶症状与之相同。当外界湿度较大时，感病株的叶片背面具退绿斑块处会密布大量灰白色霉层。幼苗发病，植株孱弱矮小，叶片萎缩，一般在大豆封垄后就会死亡。健康植株受病原侵染，在叶片表面先形成散生、边缘界限不明显的退绿点，随后扩展成不规则黄褐色病斑，潮湿时背面附有灰白色霉层。花期前后气候潮湿时，病斑背面密生灰色霉层，最后病叶变黄转褐而枯死。病原菌侵染豆荚，外部症状不明显，豆荚内部存有大量杏黄色的卵孢子和菌丝，受侵染的种子较小，颜色发白并且没有光泽，百粒重及种子油脂含量降低，严重影响大豆产量和品质，在严重发病地块减产可达50%。

（2）化学防治 可用25%甲霜灵可湿性粉剂600倍液，或90%三乙膦酸铝可湿性粉剂500倍液，或72%霜脲·锰锌（代森锰锌64%＋霜脲氰8%）可湿性粉剂800～1 000倍液进行喷雾防治。

大豆霜霉病叶片背面症状

大豆霜霉病叶片正面症状

8. 锈病

（1）危害症状　大豆锈病主要危害叶片、叶柄和茎，叶片两面均可发病，一般情况下，叶片背面病斑多于叶片正面。初生黄褐色病斑，病斑扩展后叶背面稍隆起，即病菌夏孢子堆，表皮破裂后散出棕褐色粉末，即夏孢子，致叶片早枯。生育后期，在夏孢子堆四周形成黑褐色多角形稍隆起的冬孢子堆。在温度、湿度适于发病时，夏孢子可多次再侵染，形成病斑密集，周围坏死组织增大，能看到被叶脉限制的坏死病斑。坏死病斑多时，病叶变黄，造成病理性落叶。叶柄和茎染病产生症状与叶片相似。当病斑增多时，也能看到聚集在一起的大坏死斑表皮破裂散出大量深棕色或黄褐色的夏孢子。

大豆花期后发病严重，一般先从下部叶片开始发病，后逐渐向上部蔓延，直至株死。

大豆锈病危害症状

（2）化学防治　可用15%三唑酮1 500倍液，或70%甲基硫菌灵粉剂800倍液，或25%嘧菌酯悬浮剂800倍液进行喷雾防治，隔10天喷1次，连续喷洒2～3次。

9. 白粉病

（1）危害症状　该病在世界各地广泛存在，我国河北、贵州、安徽、广东等地也有发生。大豆白粉病主要危害叶片。发病先从下部叶片开始，后向上部蔓延，初期在叶片正面覆盖有白色粉末状的小病斑，病斑圆形，具暗绿色晕圈，后期不断扩大，逐渐由白色转为灰褐色，长满白粉状菌丛，即病菌的分生孢子梗和分生孢子。最后叶片组织变黄，严重阻碍植株的正常生长发育。白粉菌侵染寄主后，病株光合效能减低，进而影响到大豆的品质和产量，感病品种的产量损失可达35%左右。

大豆白粉病危害症状

（2）化学防治　当病叶率达到10%时，可用2%嘧啶核苷类抗生素水剂300倍液，或75%百菌清可湿性粉剂500倍液，或50%多菌灵800倍液，或15%三唑酮乳油800 ~ 1 000倍液进行喷雾防治，每隔7 ~ 10天喷1次，连续喷防治2 ~ 3次。

（二）玉米病害

玉米主要病害有大小斑病、褐斑病、粗缩病、茎腐病、丝黑穗病、弯孢叶斑病、灰斑病等。

1. 大小斑病、褐斑病、弯孢叶斑病、灰斑病

（1）危害症状　玉米大斑病又名玉米条斑病、玉米煤纹病、玉米斑病、玉米枯叶病，主要危害玉米叶片，具有很广的分布范围，严重损害了玉米产量和品质。在发病过程中主要侵害叶片，严重时叶鞘和苞叶也可受害。一般先从植株底部叶片开始发生，逐渐向上蔓延，但也常有从植株中上部叶片开始发病的情况。玉米大斑病横行的年份，大面积玉米叶片枯萎，使玉米的生长发育受到严重影响。玉米果实秃尖，灌浆差，籽粒干瘪，千粒重下降，品质和产量下降，严重时玉米减产50%以上。

玉米小斑病又称玉米斑点病。为我国玉米产区重要病害之一，

在黄河流域和长江流域的温暖潮湿地区发生普遍而严重。玉米整个生育期均可发病，但以抽雄、灌浆期发生较多。主要为害叶片，有时也可为害叶鞘、苞叶和果穗。常和大斑病同时出现或混合侵染。苗期染病，初在叶片上出现半透明水渍状褐色小斑点，后扩大为椭圆形褐色病斑，边缘赤褐色，轮廓清楚，上有二三层同心轮纹，病斑进一步发展时，内部略退色，后渐变为暗褐色，多时融合在一起，叶片迅速死亡。在夏玉米产区发生严重，一般造成减产15%～20%，严重的达50%以上，甚至无收。

玉米大斑病危害状　　　　　　　　　　玉米小斑病危害状

　　　玉米褐斑病是近年来在我国发生严重且较快的一种玉米病害，全国各玉米产区均有发生。该病主要发生于玉米叶片、叶鞘及茎秆，先在顶部叶片的尖端发生，以叶和叶鞘交接处病斑最多，常密集成行。最初为黄褐或红褐色小斑点，圆形或椭圆形到线形，隆起附近的叶组织常呈红色，小病斑常汇集在一起，严重时叶片上出现几段甚至全部布满病斑，在叶鞘上和叶脉上出现较大的褐色斑点。发病后期病斑表皮破裂，叶细胞组织呈坏死状，散出褐色粉末（病原菌的孢子囊）；病叶局部散裂，叶脉和维管束残存如丝状。茎上病斑多发生于节的附近。严重影响叶片的光合作用，造成玉米减产。

　　　玉米弯孢叶斑病又称黄斑病、拟眼斑病、黑霉病，近年来在我国东北、华北发生较多，呈上升趋势。该菌主要危害玉米叶片，也可危害叶鞘和苞叶。受害叶片初生退绿小斑点，逐渐扩展为圆形至椭圆形退绿透明斑，1～2毫米大小，中间枯白色至黄褐色，边缘暗褐色，四周有浅黄色晕圈。发病严重时，影响光合作用，玉米籽粒瘦瘪，百粒重下降，降低玉米产量。

玉米褐斑病危害状

玉米弯孢叶斑病危害状

玉米灰斑病又称尾孢叶斑病、玉米霉斑病，在我国玉米各产区均有发生，近年发病呈上升趋势，危害严重。该病主要危害叶片，先侵染每株玉米的脚叶，由下往上发生危害和蔓延。发病初期病斑椭圆形至矩圆形，无明显边缘，灰色至浅褐色病斑，后期变为褐色。病斑多限于平行叶脉之间，湿度大时，病斑背面长出灰色霉状物。发病重时，叶片大部变黄枯焦，

玉米灰斑病危害状

果穗下垂，籽粒松脱干瘪，百粒重下降，严重影响产量和品质。

（2）化学防治　发病初期，可用50%甲基硫菌灵可湿性粉剂1 000倍液，或20%三唑酮乳油1 500倍液，或25%吡唑醚菌酯乳油1 000倍液进行喷雾防治，7～10天喷1次，连续喷洒2～3次。

2. 粗缩病

（1）危害症状　玉米整个生育期都可感染发病，以苗期受害最重。在玉米5～6片叶即可显症，心叶不易抽出且变小，可作为早期诊断的依据。开始在心叶基部及中脉两侧产生透明的油渍状

退绿虚线条点，逐渐扩展整个叶片。病株叶片宽短僵直，叶色浓绿，节间粗短，顶叶簇生状如君子兰。叶背、叶鞘及苞叶的叶脉上具有粗细不一的蜡白色条状突起，有明显的粗糙感。9～10叶期，病株矮化现象更为明显，上部节间短缩粗肿，顶部叶片簇生，病株高度不到健株一半，多数不能抽穗结实，个别雄穗虽能抽出，但分枝极少，没有花粉。果穗畸形，花丝极少，植株严重矮化，雄穗退化，雌穗畸形，严重时不能结实。

玉米粗缩病危害状

（2）化学防治　最好的防治方法是种子包衣，同时用吡虫啉、啶虫脒防治飞虱传播。感病初期可喷施20%吗胍·乙酸铜可湿性粉剂500倍液，7～10天喷1次，连续喷洒2～3次。

3. 茎腐病

（1）危害症状　玉米茎腐病又称青枯病，在我国玉米各产区均有发生，是一种重要的土传病害。在玉米灌浆期开始根系发病，乳熟后期至蜡熟期为发病高峰期。从始见青枯病叶到全株枯萎，一般5～7天。发病快的仅需1～3天，长的可持续15天以上。在乳熟后期，玉米叶片常突然成片萎蔫死亡，因枯死植株呈青绿色，故称青枯病。先从根部受害，最初病菌在毛根上产生水渍状淡褐色病变，逐渐扩大至次生根，直到整个根系呈褐色腐烂，最后粗须根变成空心，整个根部易拔出。后逐渐向茎基部扩展蔓延，茎基部1～2节处开始出现水渍状梭形或长椭圆形病斑，随后很快变软下陷，内部空松，一掐即瘪，手感明显。节间变淡褐色，果穗苞叶青干，穗柄柔韧，果穗下垂，不易掰离，穗轴柔软，籽粒干瘪，百粒重、穗粒重、穗长和行粒数降低，脱粒困难。叶片症状表现为青枯、黄枯和青黄枯3种。如在发病期遇雨后高温，蒸腾作用较大，因根系及茎基受害，使水分吸收运输功能减弱，从而导致植株叶片迅速枯死，全株呈青枯症状。如发病期没有明显雨后高温，蒸腾作用缓慢，在水分供应不足情况下叶片由下而上缓慢失水，逐步枯死，呈黄枯症状。如病程发展速度，突然由慢转快则表现青黄枯。

玉米茎腐病危害状

（2）化学防治　预防茎腐病，需及时防治地下害虫，减少根部伤口，杜绝虫害传菌途径，防止病菌从虫害伤口进入，进而危害植株。

可在种子包衣或拌种时加入多菌灵、咯菌腈等药剂，也能在一定程度上预防玉米茎腐病。此外，可选择50%辛硫磷乳油或20%福·克悬浮种衣剂对玉米进行包衣处理，能减少植株伤口，减轻虫害，进而减少病原菌对植株根茎部的侵染，达到防控病害的目的。

发病初期，可用50%多菌灵可湿性粉剂500倍液，或70%百菌清可湿性粉剂800倍液，或20%三唑酮乳油3 000倍液，或50%苯菌灵可湿性粉剂1 500倍液进行喷雾防治。

4. 丝黑穗病

（1）危害症状　玉米丝黑穗病又称乌米、哑玉米，在华北、东北、华中、西南、华南和西北地区普遍发生，以北方春玉米区、西南丘陵山地玉米区和西北玉米区发病较重。病菌主要侵害雌穗和雄穗，多数病株果穗较短，基部粗，顶端尖，近球形。不吐花丝，除苞叶外，整个果穗变成一个黑粉包。后期有些苞叶破裂，散出黑粉。黑粉一般凝结成团，内部杂有丝状物，因此称丝黑穗病。

丝黑穗病一般到穗期方显症状，但有些病株在生长前期即有异常现象，尤其是危害严重的幼苗症状表现明显，如在4～5叶上产生1至数条黄白条纹；植株节间缩短，茎秆基部膨大，下粗上细，叶色暗绿，叶片变硬变厚，上挺如笋状。有时分蘖稍有增多，或病株稍向一侧弯曲。雄穗染病后，有的整个花序被破坏变黑；有的花器变形增长，颖片增多、延长；有的部分花序被害，雄花变成黑粉，不能形成雄蕊。有少数受害雌穗苞叶变成丛生细长的畸形小叶状，黑粉极少，也没有明显的黑丝。病株受害较早的一般雌、雄穗均遭危害，受害较晚的雌穗发病而雄穗正常。此外，发病的植株大多矮化，一般情况下黑粉物只生于生殖器官而不生于营养器官。

丝黑穗病危害状

（2）化学防治 选用抗病玉米品种，并用2.5%咯菌腈悬浮种衣剂包衣。也可将三唑类杀菌剂和其他杀菌剂混合一起对玉米种子进行拌种处理，兼治其他苗期病害。在玉米苗期可以使用含有灭菌唑、烯唑醇、戊唑醇等药剂喷雾预防，其中戊唑醇的防治效果最佳、安全性最高。

二、主要虫害防治

(一) 大豆虫害

大豆田间害虫主要有地下害虫及点蜂缘蝽、甜菜夜蛾、斜纹夜蛾、卷叶螟、豆荚螟、棉铃虫、食心虫、造桥虫、蚜虫、斑潜蝇、红蜘蛛等。

1. 地下害虫 大豆地下害虫主要有蛴螬、地老虎、金针虫、蝼蛄等，发生的种类因地而异。在我国发生较为普遍且危害严重的主要是蛴螬和地老虎，其中在黄淮海夏大豆生产区以蛴螬发生和危害较为严重。

小地老虎

金针虫

(1) 危害症状

①蛴螬。是金龟甲的幼虫，别名白土蚕、核桃虫。该虫喜食萌发的种子，幼苗的根、茎。苗期咬断幼苗的根、茎，断口整齐平截，地上部幼苗枯死，造成田间大量缺苗断垄或幼苗生长不良。成株期主要取食大豆的须根和主根，虫量多时，可将须根和主根外皮吃光、咬断。蛴螬地下部食物不足时，夜间出土活动，危害近地面茎秆表皮，造成地上部植株黄瘦，生长停滞，瘪荚瘪粒，减产或绝收。后期受害造成百粒重降低，不仅影响产量，而且降低商品性。蛴螬成虫喜食叶片、嫩芽，造成叶片残缺不全，加重危害。

②小地老虎。又称地蚕、土蚕、切根虫，是地老虎中分布最广、危害最严重的种类。地老虎幼虫可将幼苗近地面的茎部咬断，使整株死亡。1～2龄幼虫，昼夜均可群集于幼苗顶心嫩叶处，啃食幼苗叶片成网孔状；3龄后分散，幼虫行动敏捷，有假死习性，对光线极为敏感，受到惊扰即卷缩成团，白天潜伏于表土的干湿层之间，夜晚出土从地面将幼苗植株咬断拖入土穴，或咬食未出土的种子，幼苗主茎硬化后，改食嫩叶和叶片及生长点；4龄后幼虫剪苗率高，取食量大；老熟幼虫常在春季钻出地表，在表土层或地表危害，咬断幼苗的茎基部，常造成大豆缺苗断垄和大量幼苗死亡，严重影响产量。食物不足或寻找越冬场所时，有迁移现象。

③蝼蛄。又名拉拉蛄、土狗子等，我国常见一种杂食性害虫。该虫成虫、若虫均在土中活动，取食播下的种子、幼芽或将幼苗咬断致死，受害的根茎部呈乱麻状。由于蝼蛄的活动将表土层串成许多隧道，使苗根脱离土壤，致使幼苗因失水而枯死，造成缺苗断垄。

（2）化学防治

①土壤处理。结合播前整地，进行土壤药剂处理。每亩可选用5%辛硫磷颗粒剂200克拌30千克细沙或煤渣撒施。

②药剂拌种。最好的方法是每100千克大豆种子用6.25%咯菌腈·精甲霜灵悬浮种衣剂300～400毫升进行种子包衣；或用30%多·福·克悬浮种衣剂包衣，药种比例为1∶50，兼治根腐病；或用30%吡醚·咯·噻虫悬浮种衣剂拌种，均匀喷拌于种子上，堆闷6～12小时，待药液吸干后播种，可防蝼蛄等为害种芽。选用的药剂和剂量应进行拌种发芽试验，防止降低发芽率及发生药害。

③苗后防治。可用500克48%毒死蜱乳油拌成毒饵撒施，或用5%辛硫磷颗粒剂直接撒施。苗期地下害虫危害较重时，也可进行药液浇根，用不带喷头的喷壶或拿掉喷片的喷雾器向植株根际喷药液，可喷施48%毒死蜱乳油、10%吡虫啉可湿性粉剂等。防治成虫，将绿僵菌与毒死蜱混用杀虫效果最佳。

2. **点蜂缘蝽** 近几年，点蜂缘蝽已经成为大豆生产的主要虫害，其吸食叶片、茎秆、籽粒汁液，造成产量、品质降低，严重时会造成大豆颗粒无收。

（1）危害症状 点蜂缘蝽又称白条蜂缘蝽、豆缘椿象，是目前危害大豆最严重的一种害虫。成虫和若虫均可危害大豆，成虫危害最大，危害方式为刺吸大豆的嫩茎、嫩叶、花、荚的汁液。被害叶片初期出现点片不规则的黄点或黄斑，后期一些叶片因营养不良变成紫褐色，严重的叶片部分或整叶干枯，出现不同程度、不规则的孔洞，植株不能正常落叶。北方地区春、夏播大豆开花结实时，正值点蜂缘蝽第一代和第二代羽化为成虫的高峰期，往往群集危害，从而造成植株的蕾、花脱落，生育期延长，豆荚不实或形成瘪荚、瘪粒，严重时全株瘪荚，颗粒无收。研究表明，点蜂缘蝽等刺吸害虫危害是导致大豆"荚而不实"型"症青"现象发生的主要原因之一。

（2）化学防治 在大豆开花结荚期，用22%噻虫·高氯氟微囊悬浮剂（噻虫嗪12.6%＋高效氯氟氰菊酯9.4%）＋毒死蜱，或噻虫嗪和高效氯氟氰菊酯的复配药剂与毒死蜱混合，进行茎叶喷雾防治，7～10天喷1次，连续防治2～3次。早晨或傍晚害虫活动较迟钝，防治效果好，注意交替用药。建议大面积示范推广时集中飞防。

点蜂缘蝽成虫

点蜂缘蝽危害大豆

3. 甜菜夜蛾、斜纹夜蛾 甜菜夜蛾和斜纹夜蛾是苗期危害大豆的主要害虫。

（1）危害症状 甜菜夜蛾又名白菜褐夜蛾，俗称菜青虫。大豆幼苗期至鼓粒期均有甜菜夜蛾的危害，以幼虫躲在植株心叶内进行取食危害。初孵幼虫食量小，在叶背群集吐丝结网，在其内取食叶肉，留下表皮成透明小孔，受害部位呈网状半透明的窗斑，干枯后纵裂。3龄后幼虫分散危害，食量大增，昼伏夜出，危害叶片成孔洞、缺刻，严重时，可吃光叶肉，仅留叶脉和叶柄，致使豆叶提前干枯、脱落，甚至剥食茎秆皮层。4龄后幼虫开始大量取食。开花期幼虫在危害叶片的同时，又取食花朵和幼荚，直接造成大豆减产，严重时减产10%左右。

斜纹夜蛾又名莲纹夜蛾，俗称乌头虫、夜盗虫、野老虎、露水虫等。以幼虫危害大豆叶部、花及豆荚，低龄幼虫啃食叶片下表皮及叶肉，仅留上表皮和叶脉，呈纱窗状透明斑；4龄以后咬食叶片，仅留主脉。虫口密度大时，常数日之内将大面积大豆叶片食尽，吃成光秆或仅剩叶脉，阻碍作物光合作用，造成植株早衰，籽粒空瘪，且能转移危害，影响大豆产量和品质。暴发时，会造成严重产量损失。幼虫多数危害叶片，少量幼虫会蛀入花中危害或取食豆荚。

（2）化学防治 甜菜夜蛾、斜纹夜蛾幼虫防治最佳适期是卵孵化高峰期，此时幼虫个体小、食量小、群体危害。防治最迟不能超过3龄，3龄以后则分散取食危害，抗药性增强，且有假死性，防效甚差。而且大龄虫体蜡质层较厚，虫体光滑，用农药防治效果差。所以，在防治甜菜夜蛾时，要抓住有利时期，田间发现有刚孵化的幼虫或低龄虫集聚时就应施药治虫，效果较好。

防治甜菜夜蛾、斜纹夜蛾、豆荚螟、食心虫等害虫，选择上午9时以前和下午4时以后幼虫取食时，用药效果较好。在幼虫刚分散时，进行喷药防治必须保证植株的上下、叶片的背面、四周都应全面喷施，以消灭刚分散的低龄幼虫。世代重叠出现时，要在3～5天内进行2次喷药。

可将甲氨基阿维菌素苯甲酸盐（甲维盐）＋茚虫威（或虫螨腈、虱螨脲、氟铃脲、虫酰肼等）复配杀虫剂，配合高效氯氰菊酯、有机硅助剂等，按使用说明适当配比，喷雾防治。喷药用水量要足、药量要足，保证喷药细致、均匀。不要使用单一农药，注意不同农药的复配、更换和交替使用，降低害虫的抗性。在前期防治幼虫的基础上，发现有成虫（飞蛾）时，用杀虫灯诱杀成虫，可以减少下一代幼虫。

甜菜夜蛾危害状　　　　　　　　斜纹夜蛾危害状

4. 蚜虫

（1）危害症状　大豆蚜虫俗称腻虫，是大豆最具破坏性的害虫之一，也是传播病毒病的介体。大豆蚜无论成蚜还是若蚜，都喜欢聚集在大豆的嫩枝叶部位危害。在大豆幼苗期，主要聚集在顶部叶片的背面危害，在始花期开始移到中部的叶片和嫩茎上危害；到了盛花期，大豆蚜通常聚集在顶叶或侧枝生长点、花和幼荚上；在大豆生长后期则一般会聚集在大豆的嫩茎、荚、叶柄和大的叶片的背面危害。大豆蚜发生比较严重的植株有以下症状：植株弱小，叶片稀疏早衰，根系不发达，侧枝分化少，结荚率低，千粒重降低，更为严重的话可造成整株死亡。

蚜虫大量排泄的"蜜露"招引蚂蚁，还会引起霉菌侵染，诱发霉污病，使叶片被一层黑色霉层覆盖，影响光合作用。

（2）化学防治　要注重早期防治，即在大豆蚜虫点片发生时用药，防止扩散蔓延危害。可用含噻虫嗪或吡虫啉的悬浮种衣剂包衣或拌种，也可以用20%啶虫脒乳油1 500 ～ 2 000倍液，或10%吡虫啉可湿性粉剂2 000 ～ 3 000倍液进行喷雾防治。田间喷雾防蚜时要尽量倒退行走，以免接触中毒。

蚜虫危害状

5. 红蜘蛛

（1）危害症状　大豆红蜘蛛主要包括朱砂叶螨、豆叶螨等种类。分布广泛，是生产中的主要害虫。成、若螨喜聚集在叶背吐丝结网，以口器刺入叶片内吮吸汁液，被害处叶绿素受到破坏，受害叶片表面出现大量黄白色斑点，随着虫量增多，逐步扩展，全叶呈现红色，危害逐渐加重，叶片上呈现出斑状花纹，叶片似火烧状。成螨在叶片背面吸食汁液，刚开始危害时，不易被察觉，一般先从下部叶片发生，迅速向上部叶片蔓延。轻者叶片变黄，危害严重时，叶片干枯脱落，影响植株的光合作用，植株变黄枯焦，甚至整个植株枯死，可导致严重的产量损失。

（2）化学防治 在发生初期，即大豆植株有叶片出现黄白斑危害状时就开始喷药防治。可选用1.8%阿维菌素乳油3 000倍液，或15%哒螨灵乳油2 000倍液，或73%灭螨净（炔螨特）3 000倍液进行喷雾防治，每隔7天喷1次，连续喷防2 ~ 3次。生产上适用于防治红蜘蛛的杀螨剂较多，如联苯肼酯、唑螨酯、虫螨腈、丁氟螨酯、四螨嗪、联苯菊酯等，注意交替用药和混配用药。喷药的重点部位是植株的嫩茎、嫩叶背面、生长点、花器等。

红蜘蛛危害状

6. 烟粉虱 迁飞能力强，体被蜡质，防治困难；要大面积联合防治，或采用熏蒸剂防治；一般减产20% ~ 30%，严重者达50%以上，甚至绝产。能传播40多种植物上的70多种病毒。如花叶病毒等。

（1）危害症状 烟粉虱又名棉粉虱、甘薯粉虱。成虫、若虫聚集在大豆叶背面和嫩茎刺吸汁液，虫口密度大时，叶正面出现成片黄斑，严重时叶片发黄死亡但不脱落，大量消耗植株养分，导致植株衰弱，甚至可使植株死亡。成虫或若虫还大量分泌蜜露，招致灰尘污染叶片，还可诱发煤污病。蜜露多时可使叶污染变黑，影响光合作用。此外，烟粉虱还可传播30多种病毒。受此虫害，大豆一般减产20%～30%，严重者达50%以上，甚至绝产。

（2）化学防治　治早治小，抓好烟粉虱发生前期和低龄若虫期的防治至关重要，因为一龄烟粉虱若虫蜡质薄，不能爬行，接触农药的机会多，抗药性差，容易防治。在防治烟粉虱时注意在成虫活动不活跃的时段进行，一般为上午10时之前和下午4时以后，统一连片用药，叶背均匀喷雾，最大限度地保证防治效果。

防治大豆田间烟粉虱，可选用10%烯啶虫胺水剂2 000倍液，或2.5%高效氯氟氰菊酯乳油1 500倍液，或50%氟啶虫胺腈水分散粒剂3 000～4 000倍液，或25%噻嗪酮（扑虱灵）水分散粒剂2 000～2 500倍液喷雾防治。要注意轮换用药，延缓抗药性的产生。

烟粉虱危害状

（二）玉米虫害

玉米主要害虫有地下害虫及二点委夜蛾、玉米螟、棉铃虫、黏虫、桃蛀螟、甜菜夜蛾、蓟马、蚜虫。

1. 地下害虫　危害玉米生长的地下害虫主要有地老虎、蛴螬、金针虫、蝼蛄等，这些害虫栖居土中，主要危害玉米的种子、根、茎、幼苗和嫩叶，造成种子不能发芽出苗，或根系不能正常生长，心叶畸形，幼苗枯死，缺苗断垄等。

（1）危害症状

①小地老虎。是玉米苗期的主要害虫，一般以第一代幼虫危害严重，主要咬食玉米心叶及茎基部柔嫩组织。幼虫一般分为5～6龄，1～2龄对光不敏感，昼夜活动取食玉米幼苗顶心嫩叶，将叶片蚕食成针状小孔洞；3龄后入土危害幼苗茎基部，咬食幼苗嫩茎，一般潜藏在田间萎蔫苗周围土中；4～6龄表现出明显的避光性，白天躲藏在作物和杂草根部附近，黄昏后出来活动取食，在土表层2～3厘米处咬食幼苗嫩茎，使整株折断致死，严重时造成田间缺苗断垄。小地老虎有迁移特性，当受害玉米死亡后，转移到其他幼苗继续为害。

②蝼蛄。以成虫和若虫咬食玉米刚播下的种子或已发芽的种子、作物根部及根茎部，有时活动于地表，将幼苗茎叶咬成乱麻状和细丝，使幼苗枯死。还常常拨土开掘，在土壤表层窜出隧道，使根系与土壤脱离，或暴露于地面，甚至将幼苗连根拔出。

③蛴螬。主要以幼虫危害，喜食刚播下的玉米种子，造成不能出苗；切断刚出土的幼苗，食痕整齐；咬断主根，造成地上部分缺水死亡，引起缺苗断垄。而且危害的伤口易被病菌侵入，引起其他病害发生。成虫咬食玉米叶片成孔洞、缺刻，也会危害玉米的花器，直接影响玉米产量。

④金针虫。是叩甲幼虫的通称，俗称节节虫、铁丝虫、土蚰蜓等。咬蛀刚播下的玉米种子、幼芽，使其不能发芽，也可钻蛀玉米苗茎基部内取食，有褐色蛀孔。可咬断刚出土的幼苗，也可侵入已长大的幼苗根里取食危害，被害处不完全咬断，断口不整齐，被害植株则干枯而死。成虫则在地上取食嫩叶。

（2）化学防治 常用的施药方法有药剂拌种和包衣、毒土、翻耕施药、根部灌药等。可用50%辛硫磷乳油按种子重量的0.2%～0.3%进行拌种；或用600克/升噻虫胺·吡虫啉悬浮种衣剂，按药种比1∶200包衣。或用500克48%毒死蜱乳油拌成毒饵，或用3%辛硫磷颗粒剂撒施玉米苗边，防治地下害虫。

地老虎危害状

蛴螬危害状

金针虫危害状

2. 二点委夜蛾

（1）危害症状　二点委夜蛾是我国夏玉米区近年新发生的害虫，各地往往误认为是地老虎危害。主要以幼虫危害，幼虫喜在潮湿的环境栖息，具有转株危害的习性，一般1头幼虫可以危害多株玉米苗。幼虫钻蛀咬食玉米苗茎基部，形成圆形或椭圆形孔洞，输导组织被破坏，造成玉米幼苗心叶枯死和地上部萎蔫，植株死亡；咬食刚出土的嫩叶，形成孔洞叶；咬断根部，当一侧的部分根被吃掉后，造成玉米苗倒伏，但不萎蔫。在玉米成株期，幼虫可咬食气生根，导致玉米倒伏，偶尔也蛀茎危害和取食玉米籽粒。一般顺垄危害，发生严重的会造成局部大面积缺苗断垄，甚至绝收毁种。该害虫具有来势猛、短时间暴发、扩散范围广、隐蔽性强、发生量大、危害重等特点，若不及时防治，对玉米生产影响很大。

二点委夜蛾危害状

（2）化学防治

①种子处理。选用含噻虫嗪、氯虫苯甲酰胺、溴氰虫酰胺的种衣剂包衣或拌种，可降低危害。

②撒毒饵或毒土。将48%毒死蜱乳油500克，或40%辛硫磷乳油400克，对少量水后倒入5千克炒香的麦麸或粉碎后炒香的棉籽饼中，拌成毒饵，傍晚顺垄将其撒在玉米苗边。3龄幼虫前，可用48%毒死蜱乳油制成毒土，撒于玉米根部。

③喷淋或喷雾。一是播后苗前全田喷施杀虫剂，结合化学除草，在除草剂中加入高效氯氰菊酯、甲维盐、氯虫苯甲酰胺（康宽）等，杀灭二点委夜蛾成虫，兼治低龄幼虫。二是全株喷雾，选用5%氯虫苯甲酰胺悬浮剂1 000倍液对玉米2～4叶期植株进行喷雾。

3. 玉米螟

（1）危害症状　玉米螟俗称玉米钻心虫、箭秆虫，是玉米生产上发生最重、危害最大的常发性害虫，具发生区域广、防控难度大、危害损失重的特点。主要以幼虫危害玉米，幼虫共5龄。心叶期，玉米螟初孵幼虫大多爬入心叶内，群聚取食心叶叶肉，留下白色薄膜状表皮，呈花叶状，幼虫可吐丝下垂，随风飘移扩散到邻近植株上；2～3龄幼虫，在心叶内潜藏危害，被害心叶展开后，出现整齐的横排小孔；叶片被幼虫咬食后，会降低其光合效率；雄穗抽出后，呈现小花被毁状，影响授粉；苞叶、花丝被蛀食，会造成缺粒和秕粒。4龄后幼虫以钻蛀茎秆和果穗危害为主，在茎秆上可见蛀孔，蛀孔外常有幼虫钻蛀取食时的排泄物，被蛀茎秆易折断，不折的茎秆上部叶片和茎变紫红色。由于茎秆组织遭受破坏，影响养分输送，玉米易早衰，严重时雌穗发育不良，籽粒不饱满。穗期，玉米螟初孵幼虫取食幼嫩的花丝和籽粒，大龄后钻蛀玉米穗轴、穗柄和茎秆，形成隧道，破坏植株内水分、养分的输送，导致植株折倒和果穗脱落，同时由于其在果穗上取食危害，不但直接造成玉米产量的严重损失，还常诱发或加重玉米穗腐病的发生。一般发生年份，玉米产量损失在5%～10%，严重发生年份达20%～30%，甚至更高。

（2）化学防治　玉米螟幼虫咬食心叶、茎秆和果穗。苗期集中在玉米植株心叶深处，咬食未展开的嫩叶，使叶片展开后呈现

玉米螟危害状

横排孔状花叶。可用3%辛硫磷颗粒剂于玉米心叶大喇叭口期进行灌心，用量2克/株。也可用20%氯虫苯甲酰胺5 000倍液，或3%甲维盐2 500倍液喷施，心叶期注意将药液喷到心叶丛中，穗期喷到花丝和果穗上。

4. 棉铃虫、黏虫、桃蛀螟、甜菜夜蛾

（1）危害症状

①棉铃虫。又名玉米穗虫、钻心虫、棉桃虫、棉铃实夜蛾等，以幼虫蛀食危害玉米。

②黏虫。又称剃枝虫、行军虫，俗称五彩虫、麦蚕。是一种主要以小麦、玉米、高粱、水稻等粮食作物和牧草为寄主的杂食性、多食性、迁移性、间歇暴发性害虫。黏虫暴发时可把作物叶片食光，严重损害作物生长。主要以幼虫啃食叶片危害为主，1～2龄的黏虫幼虫多集中在叶片上取食造成孔洞，严重时可将幼苗叶片吃光，只剩下叶脉。3龄后沿叶缘啃食形成不规则缺刻。暴食时，可吃光叶片。玉米黏虫多数是集中危害，常成群列纵队迁徙危害，故又名"行军虫"。虫害发生严重时，会在短时间内吃光叶片，只剩下叶脉，造成玉米的严重减产甚至绝收。

③桃蛀螟。又称桃蛀野螟、豹纹斑螟、桃蠹螟、桃斑螟、桃实螟蛾、豹纹蛾、桃斑蛀螟，幼虫俗称蛀心虫。20世纪末以来，由于种植制度改革和种植结构调整等原因，桃蛀螟在玉米上危害逐年加重，尤其是在黄淮海玉米区，严重时玉米果穗上桃蛀螟的幼虫数量和危害程度甚至超过玉米螟，上升为穗期的重要害虫。

④甜菜夜蛾。主要以幼虫危害玉米叶片。初孵幼虫先取食卵壳，后陆续从绒毛中爬出，1～2龄常群集在叶背面危害，吐丝、结网，在叶内取食叶肉，残留表皮而形成"烂窗纸状"破叶。3龄以后的幼虫分散危害，严重发生时可将叶肉吃光，仅残留叶脉，甚至可将嫩叶吃光。幼虫怕强光，多在早、晚危害，阴天可全天危害。

（2）化学防治　防治棉铃虫、黏虫、桃蛀螟、甜菜夜蛾等，发生初期，用甲维盐＋茚虫威（或虱螨脲、虫螨腈、氟铃脲、虫酰肼等）复配成分杀虫剂，配合高效氯氰菊酯、有机硅助剂等，进行喷雾防治。

玉米棉铃虫危害状

玉米黏虫危害状

玉米桃蛀螟危害状

5. 蚜虫

（1）危害症状　玉米蚜虫在玉米全生育期均有危害。在玉米抽雄前，聚集在心叶内繁殖危害；孕穗期，群集于剑叶正反面危害；抽雄期，聚集于雄穗上繁殖危害；扬花期蚜虫数量激增，为严重危害时期。

玉米苗期蚜虫群集于叶片背部和心叶造成危害，以成、若虫刺吸植物组织汁液，导致叶片变黄或发红，随着植株生长集中在新生的叶片上危害，轻者造成玉米生长不良，严重受害时，植物生长停滞，甚至死苗。到玉米成株期，蚜虫多集中在植株底部叶片的背面或叶鞘、叶舌，随着植株长高，蚜虫逐渐上移。玉米孕穗期多密集在剑叶内和叶鞘上危害，同时排泄大量蜜露，覆盖叶面上的蜜露影响光合作用，易引起霉菌寄生，被害植株长势衰落，发育不良，产量下降。抽雄后大量蚜虫向雄穗转移，蚜虫集中在雄花花萼及穗轴上，影响玉米扬花授粉，不久又转移危害雌穗。玉米蚜虫危害高峰期在玉米孕穗期，喷药防治比较困难，影响光合作用和授粉率，造成空秆，干旱年份危害损失更大。此外，玉米蚜虫能够传播病毒病，导致玉米矮花叶病的大面积流行，使果穗变小，结实率下降，千粒重降低。

（2）化学防治

①种子包衣或拌种。用600毫克/升吡虫啉悬浮种衣剂，或10%吡虫啉可湿性粉剂，或70%噻虫嗪种子处理剂等药剂包衣或拌种，均对玉米苗期蚜虫有较高的防效。

②喷雾防治。可用10%吡虫啉可湿性粉剂2 000倍液或2.5%高效氯氰菊酯2 000～3 000倍液进行喷雾防治。

③撒心。在玉米大喇叭口期，每亩用3%辛硫磷颗粒剂1.5～2千克，均匀地灌入玉米心内，兼治玉米螟。

玉米蚜虫危害状

6. 叶螨

（1）危害症状　玉米叶螨又名红蜘蛛，是影响玉米正常生长的一种重要害虫。主要危害玉米叶片，若螨和成螨寄生在玉米植株上，利用刺吸式口器，将口针直接刺入玉米的叶片或幼嫩组织，吸取玉米植株的叶片或幼嫩组织的汁液进行危害，使植株叶片的表皮组织受到破坏，汁液流失而失绿变成白色斑点。先从离地近的叶片上发生，然后逐渐向上危害。玉米叶螨口针十分短小，不能直接将玉米叶片刺穿。危害较轻时，叶片的正面基本上保持正常的绿色或只是出现了少量的失绿斑点；受害严重时，整个叶片发黄、皱缩、绿色消失，直至变白干枯。受到叶螨危害的玉米植株，成熟后玉米籽粒秕瘦，玉米千粒重明显下降，在叶螨严重发生时造成绝收，导致玉米产量下降，影响玉米的品质和种子质量。

（2）化学防治　选用1.8%阿维菌素乳油3 000倍液，或15%哒螨灵乳油2 000倍液，或73%灭螨净（克螨特）3 000倍液进行喷雾防治，每隔10天喷1次，连续喷洒2～3次。

玉米叶螨危害状

 ## 三、主要草害防治

大豆玉米带状复合种植系统中的杂草主要有马唐、稗草、牛筋草、藜、反枝苋、铁苋菜等一年生禾本科和阔叶类杂草。杂草比大豆、玉米先萌发出苗，发生期较长，发生量与气温、降水等密切相关。由于玉米是单子叶植物，而大豆是双子叶植物，加上杂草种类繁多，繁殖力强，传播方式多样，危害时间长，与玉米、大豆竞争养分、水分和光照，直接影响玉米、大豆的产量和品质。

因此，杂草防除成为大豆玉米带状复合高效种植田间管理的关键技术。

在杂草防除过程中，要科学合理地选择和施用除草剂，既要选择省时省工的除草方式，又要选择低毒高效的化学药剂和适宜浓度。这样既可以有效防除田间杂草，又能减轻对玉米、大豆的苗期危害。

（一）播后苗前除草

大豆玉米带状复合种植适墒播种后，要抓紧时间喷施除草剂，可选用96%精异丙甲草胺乳油60～85毫升/亩，或33%二甲戊灵乳油150～200毫升/亩，对水40～50千克，于播种后至第二天，进行表土喷雾，封闭除草。田间有大草的，可加草胺膦一起喷施。要喷洒均匀，不要重喷、漏喷。一定注意表土不能太干，要喷施足够量的水。

（二）苗期除草

如果播后苗前除草效果不好，或苗期雨量过大，田间杂草较多时，苗后大豆、玉米要分别进行定向除草。

1. 玉米　防除带状复合种植玉米田间杂草，可选用玉米苗后全功能型除草剂27%烟·硝·莠去津（烟嘧磺隆2%＋硝磺草酮5%＋莠去津20%）可分散油悬浮剂，以达到禾草阔草双除的目的。在玉米3～5叶期、杂草2～4叶期，每亩用量150～200克，对30～40千克水，进行茎叶定向喷施除草。机械或人工喷药时，要做到不漏喷、不重喷、不盲目加大施药量，施药前后7天内，尽量避免使用有机磷农药。

2. 大豆　如果苗前除草效果不好，单、双子叶杂草混生田，于大豆2～3片复叶期，选用10%精喹禾灵乳油30毫升/亩＋25%氟磺胺草醚水剂25毫升/亩，对水30～40千克，对带状复合种植大豆行间杂草茎叶进行定向喷雾，要在早、晚气温较低时进行。

（三）注意事项

1. 施药时间　上午10时前或下午4时后、没有露水时施药，避免午时高温、大风天气施药，以保证人身安全。

2. **人工施药**　可在喷头上加防护装置，最好是压低喷头行间喷雾，以减少用药量，提高防效，同时防止药液喷洒到相邻作物上。

3. **机械施药**　用植保机械喷药时，在玉米和大豆行间要加装物理隔帘，实施苗后定向喷药除草。

4. **喷雾要求**　无论是机械还是人工施药，一定要均匀，不漏喷、不重喷，田间地头都要喷到。

5 第五章 ➤➤

大豆玉米机械收获

第一节　收获时期

　　大豆应在完熟期收获，此时大豆叶片脱落80%以上，豆荚和籽粒均呈现出原有品种的色泽，籽粒含水率下降到15%以下，茎秆含水率为45%～55%，豆粒归圆，植株变成黄褐色，茎和荚变成黄色，用手摇动植株会发出清脆响声。大豆收获作业应选择早、晚露水消退时段进行，避免产生"泥花脸"；同时，避开中午高温时段，减少收获炸荚损失。

完熟期大豆

"泥花脸"大豆

　　玉米适宜收获期在完熟期，此时玉米植株的中、下部叶片变黄，基部叶片干枯，果穗变黄，苞叶干枯呈黄白色而松散，籽粒脱水变硬、乳线消失，微干缩凹陷，籽粒基部（胚下端）呈现黑帽层，并呈现出品种固有的色泽。采用果穗收获，玉米籽粒含水率一般为25%～35%；采用籽粒直收方式，玉米籽粒含水率一般为15%～25%。

成熟期玉米

第二节　收获方式

　　规模化种植根据种植模式、带宽、行距、地块大小、作业要求等选择适宜的联合收获机，分别进行大豆和玉米机械收获。山地、丘陵等小地块可采用机械分段收获或者"人工＋机械"收获。

　　根据大豆、玉米成熟顺序差异，可分为：先收大豆后收玉米、先收玉米后收大豆、大豆玉米分步同时收获。三种方式收获时都需要先收地头开道，利于机具转行收获，缩短机具空载作业时间。

 ### 一、先收大豆后收玉米

　　该方式适用于大豆先熟、玉米晚熟地区。作业时，先选用适宜的窄幅宽大豆收获机进行大豆收获作业，再选用2行玉米收获机或常规玉米收获机（2行以上玉米收获机）进行玉米收获作业。大豆收获机机型应根据大豆带宽和相邻两玉米带之间的带宽选择，轮式和履带式均可，应做到不漏收大豆、不碾压或夹带玉米植株，作业效率为6～10亩/小时。大豆收获机割台幅宽一般应大于大豆带宽度40厘米（两侧各20厘米）以上，整机外廓尺寸应小于相邻两玉米带带宽20厘米（两侧各10厘米）以上。以大豆玉米带间距

70厘米、大豆行距30厘米为例，4 ∶ 2模式应选择割台幅宽大于1.3米、整机宽度小于2.1米的大豆收获机。大豆收获机宜装配浮式仿形割台，幅宽2米以上大豆收获机宜装配专用挠性割台，割台离地高度小于5厘米，实现贴地收获作业，使低节位豆荚进入割台，降低收获损失率。玉米收获时，大豆已收获完毕，玉米收获机机型选择范围较大，可选用2行玉米收获机对行收获，也可选用当地常规玉米收获机减幅作业，收获机行数不低于种植行数。大豆机收作业质量应符合NY/T 738的要求，玉米机收作业质量符合NY/T 1355的要求。

先收大豆后收玉米

 二、先收玉米后收大豆

　　该方式适用于玉米先熟、大豆晚熟地区。选用整机总宽度小于大豆带间距且同时满足整机结构紧凑、重心低等特点的2～4行玉米收获机在大豆带间进行玉米收获作业，一般作业效率为5～8亩/小时。在大规模种植区，可选用玉米跨行收获机，一次性收两带玉米。玉米收获机机型应根据玉米带的行数、行距和相邻两大豆带之间的宽度选择，轮式和履带式均可，应做到不碾压或损伤大豆植株，以免造成炸荚、增加损失。玉米收获机轮胎（履带）外沿与大豆带距离一般应大于15厘米。大豆收获时，玉米已收获完毕，大豆收获机机型选择范围较大，可选用幅宽与大豆带宽相匹配的大豆收获机，幅宽应大于大豆带宽40厘米以上。也可选用当地常规大豆收获机减幅作业。

先收玉米后收大豆

三、大豆玉米分步同时收获

大豆、玉米同时收获这种方式一般适用于我国西北、黄淮海等地的间作区，该模式要求大豆、玉米成熟期一致，且成熟后利于同时收获。作业时，对大豆、玉米收获顺序没有特殊要求，主要取决于地块两侧种植的作物类别，一般可就地选择现有的大豆收获机和玉米收获机前后布局，轮流收获大豆和玉米，依次作业，作业时要求两个机具一前一后保持安全距离即可。因作业时一侧作物已经收获，对机型外廓尺寸、轮距等要求降低，可根据大豆种植幅宽和玉米行数选用幅宽匹配的机型，也可选用常规收获机减幅作业。另外，同时收获也广泛应用于收获青贮玉米和青贮大豆的模式，选用能同时收获高秆作物和矮秆作物的青贮收获机，且能够完成收获玉米、大豆时完全粉碎供青贮用。由于大豆玉米带状复合种植的特殊性，在采用该方式时需要特别注意，前期播种时应选取生育期相近、成熟期一致的大豆和玉米品种，这是保证同时收获的关键。

大豆玉米同时机械收获

机收青贮玉米大豆

　　若玉米、大豆收获后混合青贮，用自走式青贮饲料收获机同时收获玉米与大豆，然后混合青贮。在地块面积较大地区，也可选用当地的玉米收获机和大豆收获机，同田一前一后分别收获。

附　　录

附录1　全国大豆玉米带状复合种植技术指导意见

为了进一步促进大豆玉米带状复合种植技术推广应用，提高技术规范化标准化水平，增强有效性、针对性和适配性，保障玉米不减产、亩增100千克左右大豆，特制定全国带状复合种植技术指导意见。

一、搞好播前准备

播前准备主要包括定品种、定模式、定播种机。

（一）定品种

科学的品种搭配是充分发挥玉米边行优势、降低玉米对大豆遮阴影响，确保稳产增产的基本前提。各地区应根据当地生态气候特点和生产条件选配适合带状复合种植要求的大豆、玉米品种，带状间作区玉米品种应稍早熟于大豆。要提前做好适宜品种的引种备案，种源不足的应及时调配。

玉米：在选用株型紧凑、株高适中、熟期适宜、耐密、抗倒、宜机收的高产品种基础上，黄淮海地区要突出耐高温、抗锈病等特点，西北地区要突出耐干旱、增产潜力大等特点，西南及南方地区要突出耐苗期雨涝、耐伏旱等特点。

大豆：在选用耐阴、抗倒、耐密、熟期适宜、宜机收的高产品种基础上，黄淮海地区要突出花荚期耐旱、鼓粒期耐涝等特点，西北地区要突出耐干旱等特点，西南及南方地区要突出耐伏旱等特点。

（二）定行比

科学配置行比既是实现玉米不减产或少减产、亩多收100千克以上大豆的根本保障，同时也是实现农机农艺融合、平衡产量和效益的必然要求。各地都应明确4∶2为主导模式（大豆、玉米行比配置，下同），选择适合当地气候、生产条件的其他行比配置。黄淮海和西北地区可选择6∶2、6∶4模式，西南及南方地区可选择3∶2、2∶2（带状套作）模式。所有行比配置大豆、玉米间距60～70厘米，大豆行距30厘米，玉米行距40厘米，4行玉米中间两行玉米行距80厘米。

（三）定播种机

优先选用与行比配置相适应的大豆玉米带状复合种植播种机。各地应根据现有的播种机保有情况，参照《大豆玉米带状复合种植配套机具应用指引》调整改造播种机，相应技术参数必须达到大豆玉米带状复合种植的要求，播量可调、播深可控、肥量可调。

二、提高播种质量

确定适宜播种时间、播种方式和播种粒数是提高播种质量、保证出苗率的关键。

（一）确定播种时间

各地根据前后茬和春季耕作层温度稳定在10℃以上的时间确定适宜的播期。黄淮海地区应在麦收后及时播种；西北地区无前茬，根据气温回升情况，在4月下旬至5月中旬播种；西南及南方地区夏播应根据前茬和夏伏旱发生情况确定播期。墒情适宜时抢墒播种，墒情不足时造墒播种，做到精细播种、下种均匀、深浅一致、不漏播。

（二）选择播种方式

机播：选择符合农艺要求的大豆玉米带状复合种植播种机进行播种作业，一次性完成播种、施肥、覆土等工序。大豆播深3～4厘米、玉米播深4～5厘米。黏性土壤，墒情好的，宜浅播；沙性土壤，墒情差的，可适当增加播深。建议播种作业时安装北斗导航辅助驾驶系统和播种报警装置，有效提高作业精准度和衔接行行距均匀性。

人工播种：应严格按照行比、间距、行距、株穴距开沟单粒点播；也可打窝点播，穴距加倍，下种量加倍，玉米穴留2株，大豆穴留2～3株；玉米也可育苗移栽，穴距加倍，穴栽2株。

（三）确保亩播粒数

苗全苗齐苗壮是确保玉米稳产、大豆增产的基础。玉米、大豆产量太低均是出苗不足所致。为了保障带状复合种植玉米密度与净作相当，大豆密度达到净作的70%以上，建议各地根据当地气候生态条件、土壤肥力条件和品种特性等确定适宜的种植密度。黄淮海地区：玉米亩有效穗4 000穗以上、亩播粒数4 500粒以上，大豆亩有效株6 000株以上、亩播粒数9 000粒以上。西北地区：玉米亩有效穗4 500穗以上、亩播粒数5 000粒以上，大豆亩有效株8 000株以上、亩播粒数11 000粒以上。西南及南方地区：玉米亩有效穗3 500穗以上、亩播粒数4 000粒以上，大豆亩有效株7 000株以上、亩播粒数10 000粒以上。

注意：无论采用哪种行比配置，都可通过调节株距来确保大豆、玉米亩播粒数一致。以黄淮海为例，要确保"玉米亩播粒数4 500粒以上、大豆亩播粒数9 000粒以上"目标，4∶2模式的生产单元宽度2.7米，玉米、大豆的株距都应为11厘米；6∶4模式的生产单元宽度4.3米，玉米株距为14厘米，大豆株距为10厘米。

三、科学施肥

大豆、玉米分别控制施肥，玉米要施足氮肥，大豆少施或不施氮肥；带状复合种植玉米单株施肥量与净作玉米单株施肥量相同，1行玉米施肥量至少相当于净作玉米2行的施肥量，大豆玉米带状复合种植播种机玉米的下肥量须调整为净作玉米下肥量的2倍以上。

增施有机肥料作为基肥，适当补充中微量元素，鼓励接种大豆根瘤菌。相对净作不增加施肥作业环节和工作量，实现播种施肥一体化，有条件的地方尽量选用缓释肥或控释肥。

玉米按当地常年玉米产量和每产100千克籽粒需氮2.5～3千克计算施氮量，可一次性作种肥施用；也可"种肥＋穗肥"两次施用，选用高氮缓控释肥（含氮量≥25%）作种肥，带状间作追肥建议选用尿素在玉米行间施用，带状套作追肥建议选用高氮复合肥在玉米大豆行间离玉米植株25厘米处施用。切忌对玉米、大豆采用同一滴灌系统施氮肥，杜绝玉米追肥时全田撒施氮肥。

大豆高肥力田块不施氮肥，中低肥力田块少量施用氮肥，建议亩施纯氮2.0～2.5千克，推荐使用低氮平衡复合肥（含氮量≤15%）。在初花期根据长势亩追施尿素2～4千克。

为了提高粒重，可在玉米、大豆灌浆结实期补充叶面肥。

四、加强田间管理

（一）杂草防控

杂草防治应该遵循"化学措施为主，其他措施为辅，土壤封闭为主，茎叶喷施为辅，科学施药，安全高效，因地制宜，节本增收"的原则。化学除草优先选择芽前土壤封闭除草，减轻苗后除草压力，苗后定向除草要注重治早、治小，抓住杂草防除关键期用药。严禁选用对玉米或大豆有残留危害的除草剂。

封闭除草：在播后芽前土壤墒情适宜的条件下，播种后2天内选择无风时段喷施，选用精异丙甲草胺（或二甲戊灵）＋唑嘧磺草胺（或噻吩磺隆）对水喷雾。

茎叶除草：在玉米3～5叶期、大豆2～3片复叶期、杂草2～5叶期，选择禾豆兼用型除草剂如噻吩磺隆、灭草松等喷雾。也可分别选用大豆、玉米登记的除草剂分别施药，可采用双系统分带喷雾机隔离分带喷雾；也可采用喷杆喷雾机或背负式喷雾器，加装定向喷头和隔离罩，分别对着大豆带或玉米带喷药，喷头离地高度以喷药雾滴不超出大豆带或玉米带为准，严禁药滴超出大豆带或玉米带，喷雾需在无风的条件进行。

用药量和喷液量参照产品使用说明，并按照玉米、大豆实际占地面积计算。对于抗耐同一种除草剂的大豆和玉米品种带状复合种植，可按照目标除草剂登记剂量一起对大豆和玉米喷雾。

（二）控旺防倒

对水肥条件好、株型高大玉米品种，在7～10片展叶期喷施健壮素、胺鲜·乙烯利等控制株高。对肥水条件好、有旺长趋势的大豆，在分枝期（4～5片复叶）至初花期用5%烯效唑可湿性粉剂对水喷施茎叶控旺。采用植保无人机、高地隙喷杆喷雾机或背负式喷雾器喷施。严格按照产品使用说明书的推荐浓度和时期施用，不漏喷、不重喷。喷后6小时内遇雨，可在雨后酌情减量重喷。

（三）病虫防治

根据大豆玉米带状复合种植病虫害发生特点，在做好播种期预防工作的基础上，加强田间病虫调查监测，准确掌握病虫害发生动态，做到及时发现、适时防治。尽可能协调采用农艺、物理、生物、化学等有效技术措施，进行技术集成，总体上采取"一施多治、一具多诱"的田间防控策略。

播种期防治：选择使用抗性品种。针对当地主要根部病虫害（根腐病、胞囊线虫、地下害虫等），进行种子包衣或药剂拌种处理，防控根部和苗期病虫害。

生长前期防治：出苗—分枝（喇叭口）期，根据当地病虫害发生动态监测情况，重点针对叶部病害和粉虱、蚜虫等刺吸害虫开展病虫防治。有条件可设置杀虫灯、性诱捕器，以及释放寄生蜂等防治各类害虫。

生长中后期防治：玉米大喇叭口—抽雄期和大豆结荚—鼓粒期是防治玉米、大豆病虫危害的最重要时期，应针对当地主要荚（穗）部病虫危害，采用广谱、高效、低毒杀虫剂和针对性杀菌剂等进行统一防治。

田间施药尽可能采用机械喷药或无人机、固定翼飞机航化作业；各时期病虫害防控措施应尽可能与大豆、玉米田间喷施化学除草剂、化控剂、叶面肥等相结合，进行"套餐式"田间作业；

实施规模化统防统治。

五、高效减损收获

（一）收获时期

大豆适宜机收的时间在完熟期，豆荚和籽粒均呈现出品种固有色泽，植株变黄褐色，用手摇动植株会发出清脆响声。玉米适宜收获期在完熟期，苞叶变黄，籽粒脱水变硬、乳线消失，籽粒呈现出品种固有色泽。

（二）收获方式

根据大豆、玉米成熟先后顺序，收获方式有玉米先收、大豆先收、大豆玉米异机同时收三种。

玉米先收：选用割台宽度小于大豆带之间宽度10～20厘米的玉米联合收获机在大豆带之间进行果穗或籽粒收获；大豆采用当地的大豆联合收获机或经过改造的稻麦联合收获机适时收获。

大豆先收：选用割台宽度小于玉米带之间宽度10～20厘米的大豆联合收获机或经过改造的稻麦联合收获机在玉米带之间收获大豆；玉米采用当地玉米联合收获机进行果穗或籽粒收获。

大豆玉米同时收获：可选用当地大豆、玉米收获机一前一后进行收获作业。

附录2 大豆玉米带状复合种植全程 机械化技术指引

针对黄淮海、西北、西南和长江中下游地区"4∶2"和"3∶2"种植模式，制定大豆玉米带状复合种植全程机械化技术指引，以复合种植机械化播种、植保、收获为重点作业环节，提出复合种植全程机械化基本原则、技术路线、技术要点、机具配套等，形成一套比较完备的机械化工艺流程和装备体系，加快推进复合种植全程机械化。

一、基本原则

一是坚持因地制宜，优选高产模式。根据当地大豆玉米种植农艺、耕地条件以及机具配备综合选择种植模式，优先选择"4∶2""3∶2"高产种植模式，根据农艺要求确定适宜的株距、行距、带间距、播种深度、施肥量等作业参数。

二是坚持统筹兼顾，做好生产规划。播种作业前，应考虑大豆、玉米生育期，确定播种、收获作业先后顺序，做好生产布局和作业路径规划，合理确定地头作物，方便机具转弯调头。

三是坚持造改结合，优化机具配套。应依据生产条件和种植模式选择适用机具装备。按照"以机适艺"原则，播种环节优先选用复合种植专用播种机，提高作业质量；收获环节兼用现有谷物联合收割机调整改造，实现"一机多用"，但应确保改造到位，满足复合种植作业质量要求。

四是坚持规范生产，提高作业精度。在播种、植保、收获等关键环节宜配置北斗导航辅助驾驶系统，提高作业精准度和前后环节作业匹配度，实现精准播种、分带植保、对行收获，并减轻机手劳动强度。

二、技术路线

大豆玉米带状复合种植全程机械化技术通过机械化精量播种、苗期综合管理、减损收获等关键技术配套，降低劳动强度，提高作业效率，实现高产高效。技术路线如下：

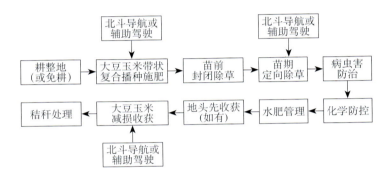

三、采用北斗导航辅助驾驶系统应用要求

（一）系统选择

根据当地定位基站、网络信号、地块坡度、扩展性等因素，优先选择具有作业线共享功能的北斗导航辅助驾驶系统，保证前后生产环节、工序的衔接精度；优先选择支持移动、联通和电信"三网合一"的网络差分方式，在网络信号无法覆盖的区域，可选用星基增强差分方式或者增配移动电台基站。在地面坡度较大时，优先选择双天线定位等具备姿态和地形补偿功能的辅助驾驶系统。可根据实际需要，选择配置了辅助驾驶系统的精量播种、变量施肥、精准喷雾等功能的机具装备。

（二）安装与调试

应严格按照使用说明书进行安装。安装时，如拖拉机无驾驶室，应采取防护措施，避免车载显控终端暴晒或淋雨。安装完成后，应按照使用说明书设置参数，并选择合适地块进行作业调试，确保机组直线作业和衔接行精度符合作业要求。

（三）规范作业

1. 检验系统状态。系统开机后，应按照使用说明书检查、确认系统各部件状态，如出现故障提示，应首先进行故障排除。

2. 确认差分定位。查看车载显控终端，确认系统处于定位差分状态。如未处于差分定位状态，可检查网络信号，选择合适的网络基站或电台基站。

3. 设置作业参数。根据实际情况，设置作业幅宽。应确保播种机挂接在中间位置，如出现少量偏移，可设置机具偏移参数进行校正。

4. 设置导航线。机组行驶至地头，车头朝向作业的方向，设置A点；手动驾驶机组行驶至地尾，设置B点，完成AB直线的设置。如重复或继续同一地块作业，可以直接导入AB线。在植保、收获作业环节，可直接使用共享导航线功能，导入前一个作业环节的导航线。

5. 检查作业精度。启动辅助驾驶功能，往复作业2～3次，停车查验作业精度是否符合作业要求，如误差较大，应按照使用说明进行调试，作业精度符合要求后，方可进行大面积作业。

6. 安全规范作业。辅助驾驶作业过程中，应随时注意观察车载显控终端提示信息，出现作业精度不符合要求或故障提示，应及时解除辅助驾驶功能，停车检查排除问题或故障。

四、机械化播种

（一）品种选择

根据资源禀赋、种植制度、水肥条件等因素，选择适宜的品种搭配，大豆应选用耐阴、耐密、抗倒、底荚高度在10厘米以上的品种，玉米应选用株型紧凑、适宜密植和机械化收获的高产品种。多熟制地区应注意与前后茬的合理搭配，实现周年均衡优质高产。

（二）种床准备

可根据当地大豆、玉米常规种植方式的整地措施进行种床准备。一年多熟地区，前茬作物留茬高度≤10厘米，秸秆粉碎长度≤10厘米，大豆播种带应进行灭茬，或选用带灭茬功能的播种机进行灭茬播种。黄淮海地区小麦收获后若墒情适宜，应立即抢墒播种；若墒情较差，应先造墒再播种。

（三）适期播种

具体播种时间根据当地气候条件、前茬作物收获时间确定。西南地区先播玉米，适播期为3月下旬至4月上旬；后播大豆，适播期为6月上中旬。黄淮海地区玉米、大豆可同时播种，适播期为6月15～25日。西北地区玉米、大豆可于5月上旬同期播种。

（四）机具选择

根据所选种植模式、机具情况确定相匹配的播种机组，行距、间距、株距、播种深度、施肥量等应调整到位，满足当地农艺要求。如大豆、玉米同期播种，优先选用与一个生产单元相匹配的大豆玉米带状复合种植专用播种机；如大豆、玉米错期播种，可选用单一大豆播种机和玉米播种机分步作业。黄淮海地区前茬秸秆覆盖地表，宜选用大豆带灭茬浅旋播种机，减少晾种和拥堵现象；西北地区，根据灌溉条件和铺膜要求，宜选用具有铺管覆膜功能的播种机；长江中下游地区，根据土壤情况，宜选用具有开沟起垄功能的播种机；西南地区，应选用具有密植分控和施肥功能的播种机。

（五）规范作业

大面积作业前，应进行试播，查验播种作业质量、调整机具参数，播种深度和镇压强度应根据土壤墒情变化适时调整。作业时，应注意适当降低作业速度，提高小穴距条件下播种作业质量，一般勺轮式排种器作业速度为3～4千米/小时，指夹式为5～6千米/小时，气力式为6～8千米/小时，同时注意保持衔接行距均匀一致。

（六）技术要点

1.黄淮海地区。大豆播种平均种植密度为8 000～10 000株/亩。

玉米播种调整行距接近40厘米，调整株距至10～12厘米，平均种植密度为4 500～5 000株/亩，并增大玉米单位面积施肥量，确保玉米单株施肥量与净作相当。

2. 西北地区。该地区覆膜打孔播种机应用广泛，应注意适当降低作业速度，防止地膜撕扯，保证两种作物种子均能准确入穴。大豆可采用一穴2～3粒的播种方式，平均种植密度为11 000～12 000株/亩。玉米调整行距接近40厘米，通过改变鸭嘴数量将株距调整至10～12厘米，平均种植密度为4 500～5 000株/亩，并增大玉米单位面积施肥量，确保玉米单株施肥量与净作相当。

3. 西南和长江中下游地区。该区域大豆玉米间套作应用面积较大。大豆播种可在2行玉米播种机上增加1～2个播种单本，株距调整至9～10厘米，平均种植密度为9 000～10 000株/亩。玉米播种调整行距接近40厘米，株距调整至12～15厘米，平均种植密度为4 000～4 500株/亩，并增大玉米单位面积施肥量，确保玉米单株施肥量与净作相当。

五、机械化田间管理

（一）机械化除（控）草

采取"封闭为主、封定结合"的杂草防除策略，即播后苗前土壤封闭处理和苗后定向茎叶喷药相结合，以苗前封闭除草为主，减轻苗后除草压力。

1. 封闭除草技术要点。播后苗前（播后2天内）根据不同地块杂草类型选择适宜的除草剂，使用喷杆喷雾机进行土壤封闭喷雾，喷洒均匀，在地表形成药膜。

2. 苗期除草技术要点。大豆和玉米分别为双子叶作物和单子叶作物，苗期除草应做好物理隔离，避免产生药害。优先选用自走式双系统分带喷杆喷雾机等专用植保机械，其次选用经调整改造的自走式双系统分带喷杆喷雾机，实现大豆、玉米分带同步植保作业；也可选用加装隔板（隔帘、防护罩）的普通自走式喷杆喷雾机，实现大豆、玉米分带分步植保作业。苗后玉米 3～5 叶期、大豆 2～3 片三出复叶期，根据杂草情况对大豆、玉米分带定向喷施除草剂。应选择无风天气，并压低喷头，防止除草剂飘移到邻近行的大豆带或玉米带。

（二）病虫防治

播种前应对大豆、玉米种子进行拌种或包衣处理，防治地下害虫和土传病害。大豆、玉米全生育期，根据病虫预测或发生情况，选用相应药剂，可采用物理、生物与化学防治相结合的方法，优先选用双系统分条带喷杆喷雾机实现精准对行、对靶喷雾作业，减少浪费和污染。

（三）化学控旺

大豆在 5 片复叶与初花期，玉米在 7～10 片展叶期，根据株高情况，采用自走式双系统分带喷杆喷雾机分别对大豆、玉米定向喷施生长调节剂，控制株高，增强抗倒能力。

（四）水肥管理

大豆、玉米生长期应根据田间土壤水分和生长情况加强水肥管理，有条件的地方可采用水肥一体化滴灌方式精准灌溉施肥，确保密植玉米生长后期有足够的水肥营养。遇涝应及时排水，排涝后应及时在大豆带和玉米带之间采用施肥机追肥。

六、机械化收获

（一）确定适宜收获期

1. 大豆适宜收获期。一般在黄熟期后至完熟期之间，此时大豆叶片脱落80%以上，豆荚和籽粒均呈现出原有品种的色泽，籽粒含水率下降到15%～25%，茎秆含水率为45%～55%，豆粒归圆，植株变成黄褐色，茎和荚变成黄色，用手摇动植株会发出清脆响声。大豆收获作业应该选择早、晚露水消退时段进行，避免产生"泥花脸"；应避开中午高温时段，减少收获炸荚损失。

2. 玉米适宜收获期。一般在完熟期，此时玉米植株的中下部叶片变黄，基部叶片干枯，果穗变黄，苞叶干枯呈黄白色而松散，籽粒脱水变硬、乳线消失，微干缩凹陷，籽粒基部（胚下端）出现黑帽层，并呈现出品种固有的色泽。采用果穗收获，玉米籽粒含水率一般为 25%～ 35% ；采用籽粒直收方式，玉米籽粒含水率一般为15%～ 25%。

（二）确定收获方式及适宜机型

1. 先收大豆后收玉米方式。该方式适用于大豆先熟、玉米晚熟地区，主要包括黄淮海、西北等地区。作业时，先选用适宜的窄幅宽大豆收获机进行大豆收获作业，再选用2行玉米收获机或常规玉米收获机进行玉米收获作业。大豆收获机机型应根据大豆带宽和相邻两玉米带之间的带宽选择，轮式和履带式均可，应做到不漏收大豆、不碾压或夹带玉米植株。一般情况，"4：2"种植模式应选择1.3米≤作业幅宽＜2米、整机宽度＜2.1米的大豆收获机，"3：2"种植模式应选择1米≤作业幅宽＜1.7米、整机宽度＜1.8米的大豆收获机。窄幅宽大豆收获机宜装配浮式仿形割台，割台离地高度小于5厘米，实现贴地收获作业。玉米收获时，大豆已收获完毕，玉米收获机机型选择范围较大，可选用2行玉米收获机对行收获，也可选用当地常规玉米收获机减幅作业。

2. 先收玉米后收大豆方式。该方式适用于玉米先熟、大豆晚熟地区，主要包括西南地区（套作方式）和长江流域、华北地区。作业时，先选用适宜的2行玉米收获机进行玉米收获作业，再进行大豆收获作业。玉米收获机机型应根据玉米带的行数、行距和相邻两大豆带之间的宽度选择，轮式和履带式均可，应做到不碾压或损伤大豆植株，以免造成炸荚、增加损失。"4：2""3：2"种植模式应选择轮胎（履带）外侧间距＜1.5米、整机宽度＜1.6米的2行玉米收获机；也可选用高地隙跨带玉米收获机，先收两带4行玉米。大豆收获时，玉米已收获完毕，机型选择范围较大，可选用幅宽与大豆带宽相匹配的大豆收获机，幅宽应大于大豆带宽40厘米以上；也可选用当地常规大豆收获机减幅作业。

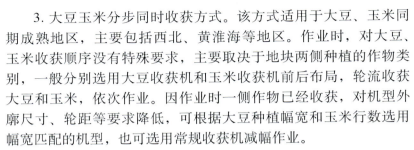

3. 大豆玉米分步同时收获方式。该方式适用于大豆、玉米同期成熟地区，主要包括西北、黄淮海等地区。作业时，对大豆、玉米收获顺序没有特殊要求，主要取决于地块两侧种植的作物类别，一般分别选用大豆收获机和玉米收获机前后布局，轮流收获大豆和玉米，依次作业。因作业时一侧作物已经收获，对机型外廓尺寸、轮距等要求降低，可根据大豆种植幅宽和玉米行数选用幅宽匹配的机型，也可选用常规收获机减幅作业。

（三）减损收获作业

1. 科学规划作业路线。对于大豆、玉米分期收获地块，如果地头种植了先熟作物，应先收地头先熟作物，方便机具转弯调头，实现往复转行收获，减少空载行驶；如果地头未种植先熟作物，作业时转弯调头应尽量借用田间道路或已收获完的周边地块。对于大豆、玉米同期收获地块，应先收地头作物，方便机具转弯调头，实现往复转行收获，减少空载行驶，然后再分别选用大豆收获机和玉米收获机依次作业。

2. 合理确定作业速度。作业速度应根据种植模式、收获机匹配程度确定，禁止为追求作业效率而降低作业质量。对于大豆先收方式，大豆收获作业速度应低于传统净作，一般控制在 3～6 千米/小时，发动机转速保持在额定转速，不能低转速下作业。若播种和收获环节均采用北斗导航或辅助驾驶系统，收获作业速度可提高至 4～8 千米/小时。玉米收获时，两侧大豆已收获完，可按正常作业速度行驶。对于玉米先收方式，受两侧大豆植株以及玉米种植密度高的影响，玉米收获作业速度应低于传统净作，一般控制在 3～5 千米/小时。如采用行距大于 55 厘米的玉米收获机，或种植行距宽窄不一、地形起伏不定、早晚及雨后作物湿度大时，应降低作业速度，避免损失率增大。大豆收获时，两侧玉米已收获完，可按正常作业速度行驶。

3. 驾驶操作规范。大豆收获时，应以不漏收豆荚为原则，控制好大豆收获机割台高度，尽量放低割台，将割茬降至 4～8 厘米，避免漏收低节位豆荚。作业时，应将大豆带保持在割台中间位置，并直线行驶，避免漏收或碾压、夹带玉米植株。应及时停车观察粮仓中大豆清洁度和尾筛排出秸秆夹带损失率，并适时调整风机风量。玉米收获时，应严格对行收获，保证割道与三米带平行，且收获机轮胎（履带）要在大豆带和玉米带间空隙的中间，避免碾压两侧大豆。玉米先收时，应确保玉米秸秆不抛洒在大豆带，提高大豆收获机通过性和作业清洁度。

附录3 大豆玉米带状复合种植除草剂使用技术指导意见

大豆玉米带状复合种植是传统间套种技术的创新发展，对除草剂品种选择、施用时间、施药方式等提出了更高要求。为科学规范大豆玉米带状复合种植除草技术应用，提高防治效果，全国农业技术推广服务中心特制定此方案，供各地参考。

一、防控策略

大豆玉米带状复合种植杂草防治坚持综合防控原则，充分发挥翻耕旋耕除草、地膜覆盖除草等农业物理措施的作用，降低田间杂草发生基数，减轻化学除草压力。使用除草剂坚持"播后苗前土壤封闭处理为主、苗后茎叶定向或隔离喷雾处理为辅"的施用策略，根据不同区域特点、不同种植模式，既要考虑当茬大豆、玉米生长安全，又要考虑下茬作物和来年大豆玉米带状复合种植轮作倒茬安全，科学合理选用除草剂品种和施用方式。因地制宜。各地要根据播种时期、种植模式、杂草种类等制定杂草防治技术方案，因地制宜科学选用适宜的除草剂品种和使用剂量，开展分类精准指导。治早治小。应优先选用播后苗前土壤封闭处理除草方式，减轻苗后除草压力。苗后除草重点抓住出苗期和幼苗期，此时是杂草防治的关键阶段，除草效果好。安全高效。杂草防治使用的除草剂品种要确保高效低风险，对本茬大豆、玉米及周边作物的生长安全，同时对下茬作物不会造成影响。

二、技术措施

（一）大豆玉米带状套作

在西南地区，降雨充沛，杂草种类多，防治难度大。玉米先于大豆播种，除草剂使用应"封杀结合"。玉米播后苗前选用精异丙甲草胺（或乙草胺）＋噻吩磺隆等药剂进行土壤封闭处理，如果玉米播前田间已经有杂草的可用草铵膦喷雾；土壤封闭效果不理想需茎叶喷雾处理的，可在玉米苗后3～5叶期选用烟嘧磺隆＋氯氟吡氧乙酸（或二氯吡啶酸、灭草松）定向（玉米种植区域）茎叶喷雾。大豆播种前3天，选用草铵膦在田间空行进行定向喷雾。播后苗前选用精异丙甲草胺（或乙草胺）＋噻吩磺隆等药剂进行土壤封闭处理。土壤封闭效果不理想需茎叶喷雾处理的，在大豆3～4片三出复叶期选用精喹禾灵（或高效氟吡甲禾灵、精吡氟禾草灵、烯草酮）＋乙羧氟草醚（或灭草松）定向（大豆种植区域）茎叶喷雾。

（二）大豆玉米带状间作

在黄淮海、长江中下游和西北地区，大豆、玉米同期播种，除草剂使用以播后苗前土壤封闭处理为主，要求在播种后2天之内施用，选用精异丙甲草胺（或异丙甲草胺、乙草胺）＋唑嘧磺草胺（或噻吩磺隆）等药剂进行土壤封闭。在前茬为小麦的田块用除草剂进行土壤封闭时，种植前最好进行旋耕灭茬、造墒，然后播种施药；麦茬直播的田块，需要加大亩用水量，有条件的在施药后及时浇水；在西北等干旱、风沙大的地区，除草剂施用后最好进行混土，有条件的地方及时浇水。

当土壤封闭效果不理想需茎叶喷雾处理时，可在玉米苗后3～5叶期、大豆2～3片三出复叶期、杂草2～5叶期，根据当地草情，玉米带选用烟嘧磺隆（或苯唑草酮）＋灭草松（或氯氟吡氧乙酸）、大豆带选用精喹禾灵（或高效氟吡甲禾灵）＋灭草松（或乙羧氟草醚）茎叶定向喷雾除草（要采用物理隔帘将玉米、大豆隔开施药）。后期对于难防杂草可人工拔除。

黄淮海地区：多数为免耕贴茬播种田块，麦收后田间杂草较多，在玉米和大豆播种前，先用草铵膦进行喷雾处理，灭杀已经出苗的杂草。在玉米和大豆播种后立即进行土壤封闭处理，土壤表面湿润田块每亩对水量不少于60升，土壤表面干旱田块每亩对水量应加大到80～90升；或土壤封闭处理后，可结合喷灌、浇灌等措施，将小麦秸秆上沾附的药剂淋溶到土壤表面，提高封闭效果。

西北地区：推广采用黑色地膜覆膜除草技术，降低田间杂草发生基数。在没有覆膜的田块，播后苗前进行土壤封闭处理。

内蒙古地区：采用全膜覆盖或半膜覆盖控制部分杂草。在没有覆膜的田块，播后苗前进行土壤封闭处理，结合苗后玉米、大豆专用除草剂定向喷雾。

三、注意事项

1. 优先选用精异丙甲草胺、异丙甲草胺、乙草胺、二甲戊灵、唑嘧磺草胺、噻吩磺隆、灭草松等7种同时登记在玉米和大豆上的除草剂。根据2022年各地大豆玉米复合种植除草剂试验结果，"砜吡草唑＋嗪草酮""精异丙甲草胺＋丙炔氟草胺"等药剂进行土壤封闭处理具有较好的除草效果，各地可根据产品登记情况选择使用。

2. 在选择茎叶处理除草剂时，要注意选用对临近作物和下茬作物安全性高的除草剂品种，并严格控制使用剂量。精喹禾灵、高效氟吡甲禾灵、精吡氟禾草灵和烯草酮等药剂飘移易导致玉米药害；氯氟吡氧乙酸和二氯吡啶酸等药剂飘移易导致大豆药害，莠去津、烟嘧磺隆易导致大豆、小麦、油菜残留药害。

3. 如果发生除草剂药害，可在作物叶面及时喷施吲哚丁酸、芸薹素内酯、赤霉酸、磷酸二氢钾等，可在一定程度上缓解药害。同时，应加强水肥管理，促根壮苗，增强抗逆性，促进作物快速恢复生长。

4. 使用喷杆喷雾机定向喷雾时，应加装保护罩，防止除草剂飘移到临近作物，同时应注意除草剂不径流到临近其他作物。喷雾器械使用前应彻底清洗，以防残存药剂导致作物药害。

5. 喷洒除草剂时，要注意风力、风向及晴雨等天气变化。选择晴天无风且最低气温不低于4℃时用药，施药时间选择上午10时前和下午4时后最佳。气温超过28℃、风力超过2米/秒时不宜喷药。茎叶喷雾注意施药后12小时内应无降水，以防药效降低及雾滴飘移产生药害。

附录4　山东省大豆玉米带状复合种植技术方案

为切实提高山东省大豆玉米带状复合种植关键技术到位率，实现"稳玉米、增大豆"生产目标，强化分类管理，因地因苗施策，发挥好该技术的增产增效优势，特制定本技术方案。

一、品种选用

选择适宜的优良品种是该技术核心内容之一。大豆选用齐黄34、菏豆33、菏豆12、临豆10号、中黄13、郓豆1号等耐阴抗倒、株型收敛、有限结荚、宜机收的中早熟高产品种。玉米选用登海605、立原296、京农科828、天泰316、MC121、MC812等株型紧凑、抗倒抗病、中矮秆、适宜密植和机械化收获的高产品种。

二、行比配置

各地应根据当地生产实际和现有农机装备条件，科学选择适宜种植模式。

4∶2模式：实行4行大豆带与2行玉米带复合种植。生产单元270厘米，其中，大豆行距30厘米，玉米行距40厘米，大豆带与玉米带间距70厘米。

4∶3模式：实行4行大豆带与3行玉米带复合种植。生产单元330～345厘米，其中，大豆行距30～35厘米，玉米行距50厘米，大豆带与玉米带间距70厘米。

6∶3模式：实行6行大豆带与3行玉米带复合种植。生产单元390厘米，其中，大豆行距30厘米，玉米行距50厘米，大豆带与玉米带间距70厘米。

三、播种时间和方式

播种质量是大豆玉米带状复合种植能否实现增产增效的基础。播种前要充分做好农机、种子、化肥、农药等准备工作，严格按照所选模式的技术要求规范播种，切实提高播种质量。

灭茬造墒：灭茬不仅能够提高播种质量，而且可显著提升封闭除草效果，灭茬后封闭除草效果可达80%以上。播种前，要先进行小麦秸秆灭茬，或选用带灭茬功能的播种机灭茬播种。若墒情较差，要先造墒再播种，土壤相对水分含量70%～80%时播种，大豆种子萌发较好。有条件的地方可在播种后进行滴灌、喷灌。

适期播种：大豆玉米带状复合种植适宜播期为6月10～25日，小麦收获后若墒情适宜，应立即抢墒播种。采取单粒精播，大豆播深3～4厘米、玉米播深4～5厘米。

机械播种：推荐使用具有单体仿形功能、采用圆盘开沟器的大豆玉米带状复合种植播种机进行播种，或按照所选择模式的带宽、行距、株距等技术要求对现有播种机械进行改装，分别播种。播种机建议加装北斗导航系统，确保匀速直线前进。注意地头转弯时要将播种机提升，防止开沟器扭曲变形；播种时严禁拖拉机急转弯或不提升开沟器倒退，避免损坏播种机。

四、适宜密度

大豆玉米带状复合种植玉米密度应与当地同品种单作玉米密度相当，1行玉米的株数相当于单作玉米2行的株数；大豆密度达到当地同品种单作大豆密度的70%以上。

4∶2模式：大豆株距10厘米，亩播种9 800粒以上，亩收获有效株数达到7 300株左右；玉米株距10厘米，亩播种4 900粒以上，亩收获有效株数力争达到4 100株以上。

4∶3模式：大豆株距10厘米，亩播种8 000粒以上，亩收获有效株数达到6 000株以上；玉米株距13厘米，亩播种4 400粒以上，亩收获有效株数力争达到3 700株以上。

6：3模式：大豆株距10厘米，亩播种10 000粒以上，亩收获有效株数力争达到7 500株以上；玉米株距13厘米，亩播种3 900粒以上，亩收获有效株数力争达到3 300株以上。（收获株数：玉米按播种株数85%、大豆按75%计）

五、合理施肥

坚持"大豆、玉米分别控制施肥；玉米施足氮肥，大豆少施或不施氮肥；带状复合种植玉米单株施肥量与单作玉米单株施肥量相同，1行玉米施肥量相当于单作2行玉米施肥量，播种机1行玉米下肥量调成单作玉米1行下肥量的2倍及以上"的原则。

鼓励基肥增施堆肥1 000 ～ 2 000千克/亩。大豆可选用适量微量元素肥料或大豆根瘤菌肥（菌剂）拌种；种肥施用大豆专用配方肥（N-P-K = 12-18-16）10 ～ 15千克/亩，侧深施，避免与种子接触。若因基肥或种肥不足，大豆苗瘦弱或出现脱肥症状，可在初花期前结合浇水追施尿素2 ～ 3千克/亩和硫酸钾3 ～ 6千克/亩，或通过无人机叶面喷施0.2% ～ 0.5%浓度的磷酸二氢钾和尿素混合液；对前茬小麦单产达到600千克/亩以上的地块，可视土壤肥力减施20% ～ 50%基肥用量。

玉米要确保带状复合种植单株施肥量与单作单株施肥量相当；推荐种肥同播方式施用玉米专用配方缓释肥料。一般每亩施用专用配方缓释肥料（N-P-K = 28-6-10，控N ≥ 8%）40 ～ 55千克，种肥距离8 ～ 10厘米，施肥深度15厘米。每亩产量水平550 ～ 650千克地块，缓释肥料用量（N-P-K = 28-6-10，控N ≥ 8%）每亩40 ～ 50千克；每亩产量水平650千克以上地块，缓释肥料用量（N-P-K = 28-6-10，控N ≥ 8%）每亩45 ～ 55千克。基肥要有针对性增施锌、硼等中微量元素，在缺锌地区可基施硫酸锌1 ～ 2千克/亩，缺硼地区可基施硼砂0.5 ～ 1千克/亩。大喇叭口期可通过无人机叶面喷施0.2% ～ 0.5%浓度的磷酸二氢钾和尿素混合液，早衰症状明显的地块可间隔1周喷施2次。

六、除草方法

采取苗前土壤封闭除草为主、苗后茎叶喷施为辅的策略。大豆、玉米同时播种2天内苗前封闭施药一次。苗后茎叶除草应坚持"治小治早"的原则，在大豆2片复叶后、玉米3～5叶期视杂草情况进行。除草剂品种要科学选择、合理配比，做到"禾阔同除"以确保防效，并选用对临近作物和下茬作物安全性高的除草剂品种。土壤封闭除草每亩使用960克/升精异丙甲草胺乳油80毫升＋80%唑嘧磺草胺水分散粒剂3克，或330克/升二甲戊灵乳油200毫升＋80%唑嘧磺草胺水分散粒剂3克。苗后茎叶除草要在喷雾装置上加装物理隔帘，将大豆、玉米隔开施药，严防药害。玉米亩用40克/升烟嘧磺隆可分散油悬浮剂100毫升＋480克/升灭草松水剂150毫升组合，大豆用10%精喹禾灵乳油30毫升＋480克/升灭草松水剂150毫升组合。人工喷药除草可选用自走式单杆喷雾机或背负式喷雾器加装定向喷头和定向罩子，分别对着大豆带或玉米带喷药，喷头离地高度以喷药雾滴不超出大豆带或玉米带为准，严禁药滴超出大豆带或玉米带，在无风的下午进行。对于难防杂草，中后期可人工拔除。

七、化学控旺

根据大豆长势，开花前适时进行化控，主要控制大豆旺长，防止倒伏，减少落花落荚，利于机械收获。若大豆长势过旺，每亩用10%多效唑·甲哌鎓可湿性粉剂（多效唑2.5%＋甲哌鎓7.5%）65～80克在大豆分枝至开花前对水喷雾；玉米可在7～10片展开叶期用250克/升甲哌鎓水剂300～500倍液全株均匀喷雾，适度控制株高，增强抗倒能力，改善群体结构。控旺调节剂不得重喷、漏喷和随意加大药量，过了适宜施药期不得再喷施。如喷后6小时内遇雨，可在雨后酌情减量重喷。

严格按照产品使用说明书推荐浓度和时期施用，不漏喷、重喷。

八、病虫防治

根据大豆玉米带状复合种植病虫害发生特点，加强田间病虫调查监测，准确掌握病虫发生动态，做到及时发现、适时防治。尽可能协调采用农艺、物理、生物、化学等有效技术措施综合防控病虫。施用化学药剂过程要严格执行农药安全使用操作规程，注意合理轮换用药。

播种期防治：播种前要针对当地大豆、玉米主要根部病虫害（根腐病、胞囊线虫、地下害虫等），进行种子包衣或药剂拌种处理防控地下病虫害，可选用精甲·咯菌腈、丁硫·福美双、噻虫嗪·噻呋酰胺等种衣剂进行种子包衣或拌种。

生长前期防治：大豆出苗期—分枝期—始花期，正值玉米出苗期—拔节期—喇叭口期，大豆主要病虫害有根腐病、病毒病、地下害虫、甜菜夜蛾、棉铃虫，玉米主要病虫害有粗缩病、顶腐病、甜菜夜蛾、玉米螟、棉铃虫、二点委夜蛾、黏虫、大豆蚜、地下害虫等。成虫高峰期，规模化利用杀虫灯、食诱剂诱杀及性信息素干扰等措施，降低金龟子、棉铃虫、二点委夜蛾、黏虫、豆天蛾、小地老虎、甜菜夜蛾等害虫基数。虫口密度达标时，可用氯虫苯甲酰胺、溴氰菊酯、氯虫·高氯氟、噻虫·高氯氟等药剂喷雾防治蚜虫、烟粉虱、棉铃虫、甜菜夜蛾等。对于传播病毒病媒介昆虫，在施药防治同时，要及时喷施氨基寡糖素、寡糖·链蛋白等预防病毒病。病害发生初期，可喷施吡唑醚菌酯、乙蒜素、宁南霉素、代森锰锌、唑醚·氟环唑等，防治大豆霜霉病、根腐病、紫斑病、玉米顶腐病等病害。

生长中后期防治：大豆花荚期重点防治点蜂缘蝽、大豆食心虫、豆荚螟、锈病、叶斑病等。此时正值玉米抽雄期至花粒期，防治重点为玉米穗虫（玉米螟、棉铃虫、黏虫、桃蛀螟等）、穗腐病、锈病、大小斑病等。复合种植模式下，植株高低差别大，田内结构复杂，可根据田间病虫发生实际，在玉米抽雄期（主要防治玉米叶斑病、玉米锈病、大豆叶斑病、大豆锈病、玉米螟、棉铃虫、黏虫、桃蛀螟、豆荚螟、点蜂缘蝽等）和大豆结荚至鼓粒期（主要防治大豆根腐病、玉米锈病、大豆食心虫、豆荚螟、点蜂缘蝽、豆天蛾等），开展两次统防统治。杀菌剂可选吡唑醚菌酯、丙环·嘧菌酯或唑醚·氟环唑；杀虫剂可选哒嗪硫磷、氯虫苯甲酰胺、高效氯氟氰菊酯、溴氰菊酯、氯虫·高氯氟等。

各时期病虫害防治措施应尽可能与大豆、玉米田间喷施化学除草剂、化控剂、叶面肥等相结合，进行"套餐式"田间作业。

九、收获方法

根据大豆、玉米成熟顺序和种植模式，合理调配机械，适期收获。推荐使用大豆专用收获机。谷物收获机改制的大豆收获机滚筒转速应调整为500转/分钟左右。大豆割茬不高于5厘米。

先收玉米后收大豆：玉米在完熟期收获，表现为苞叶变黄，籽粒乳线消失出现黑层，这时收获玉米产量最高。4∶3模式应选择整机宽度＜2.1米的3行自走式玉米联合收获机，4∶2模式应选择整机宽度≤1.6米的2行自走式玉米联合收获机，作业时收获机应距大豆15厘米以上。

先收大豆后收玉米：大豆叶片全部落净，摇动有响声时收获。要调整好拨禾轮转速、滚筒转速和间距、割台高度，减少落荚落粒损失，降低破碎率。应选择割台宽度＞1.4米的自走式大豆联合收获机，避开有露水的时间进行收获作业。大豆倒伏时，应迎倒伏方向收获，收获机距玉米10厘米以上。

大豆玉米同时收获：大豆、玉米同时成熟，可用现有大豆和玉米联合收获机前后同时分别收获。

附录5　山东省大豆玉米

月	6月		7月
旬	中旬	下旬	上旬

生育期	大豆	播种期	苗期	
	玉米			拔节期
农事	大豆	适墒播种、封闭除草		苗后除草
	玉米			

| 作业图示 | | 270 4:2
40 70 30 70 | 330～345 4:3
50 70 30～35 70 | 390 6:3
50 70 30 70 | |

	作物种类	种植模式	带宽(厘米)	带间距(厘米)	行距(厘米)	株距(厘米)	播种密度(株/亩)	品种选择	种肥同播	苗前除草	
技术要点	大豆：玉米	4：2	270	70	30	10	9 800	大豆选用齐黄34、菏豆33、菏豆12号、临豆10号、中黄13、郓豆1号等耐阴抗倒、株型收敛、有限结荚、宜机收的中早熟高产品种。玉米选用登海605、立原296、京农科828、天泰316、MC121、MC812等株型紧凑、抗倒抗病、中矮秆、适宜密植和机械化收获的高产品种。	大豆可选用适量微量元素肥料或大豆根瘤菌肥（菌剂）拌种，种肥施用大豆专用配方肥（N-P-K=12-18-16）10～15千克/亩，侧深施，避免与种子接触。玉米要确保带状复合种植单株施肥量与单作单株施肥量相当；推荐种肥同播方式施用玉米专用配方缓释肥料。一般每亩施用专用配方缓释肥料（N-P-K=28-6-10，控N≥8%）40～55千克，种肥距离8～10厘米，施肥深度15厘米。	土壤封闭除草每亩使用960克/升精异丙甲草胺乳油80毫升+80%唑嘧磺草胺水分散粒剂3克，或330克/升二甲戊灵乳油200毫升+80%唑嘧磺草胺水分散粒剂3克。	在大豆2～3片复叶期进行，每亩用10%精喹禾灵乳油30毫升+480克/升灭草松水剂150毫升组合。在玉米3～5叶期进行，每亩用40克/升烟嘧磺隆可分散油悬浮剂100毫升+480克/升灭草松水剂150毫升。要将大豆、玉米隔开施药。
					40	10	4 900				
	大豆：玉米	4：3	330～345	70	30～35	10	8 000				
					50	13	4 400				
	大豆：玉米	6：3	390	70	30	10	7 500				
					50	13	3 900				

带状复合种植技术模式图

<table>
<tr><td colspan="2">7月</td><td colspan="3">8月</td><td colspan="3">9月</td><td>10月</td></tr>
<tr><td>中旬</td><td>下旬</td><td>上旬</td><td>中旬</td><td>下旬</td><td>上旬</td><td>中旬</td><td>下旬</td><td>上旬</td></tr>
<tr><td colspan="2">分枝期</td><td>开花期</td><td>开花结荚期</td><td colspan="2">结荚鼓粒期</td><td colspan="2">鼓粒期</td><td>成熟期</td></tr>
<tr><td>小喇叭口期</td><td>大喇叭口期</td><td>抽雄开花期</td><td colspan="3">灌浆期</td><td colspan="3">成熟期</td></tr>
<tr><td>防治虫害</td><td>化学控旺+防治虫害</td><td colspan="6">防治病虫害</td><td>适时收获</td></tr>
<tr><td colspan="8">防治病虫害</td><td>适时收获</td></tr>
<tr><td colspan="9"></td></tr>
<tr><td>甜菜夜蛾、棉铃虫用甲维盐+茚虫威或虫螨腈复配成分杀虫剂1 000 ~ 2 000倍液，配合高效氯氰菊酯、有机硅助剂防治。</td><td>若大豆长势过旺，每亩用10%多效唑·甲哌鎓可湿性粉剂（多效唑2.5%+甲哌鎓7.5%）65 ~ 80克在大豆分枝至开花前对水喷雾。
玉米可在7 ~ 10片展开叶期用250克/升甲哌鎓水剂300 ~ 500倍液全株均匀喷雾，适度控制株高，增强抗倒能力，改善群体结构。</td><td colspan="6">初荚期，点蜂缘蝽每亩用25%噻虫嗪水分散粒剂5克+5%高效氯氟氰菊酯15克，或22%噻虫·高氯氟微囊悬浮剂4 ~ 6克，对水30千克喷施。甜菜夜蛾、斜纹夜蛾（豆荚螟、食心虫、棉铃虫、玉米螟、桃蛀螟、黏虫）用甲维盐+茚虫威（或虱螨脲、虫螨腈、氟铃脲、虫酰肼）复配成分杀虫剂1 000 ~ 2 000倍液，配合高效氯氰菊酯、有机硅助剂防治。</td><td rowspan="2">1、先收玉米后收大豆。玉米在完熟期收获，表现为苞叶变黄，籽粒乳线消失出现黑层。4：3模式应选择整机宽度<2.1米的3行自走式玉米联合收获机，4：2模式应选择整机宽度≤1.6米的2行自走式玉米联合收获机，作业时收获机应距大豆15厘米以上。
2、先收大豆后收玉米。大豆叶片全部落净，摇动有响声时收获，要调整好拨禾轮转速、滚筒转速和间距、割台高度，减少落荚落粒损失，降低破碎率。应选择割台宽度>1.4米的自走式大豆联合收获机，避开有露水的时间进行收获作业。大豆倒伏时，应逆倒伏方向收获，收获机距玉米10厘米以上。
3、大豆玉米同时收获。大豆、玉米同时成熟，可用现有大豆和玉米联合收获机前后同时分别收获。</td></tr>
<tr><td colspan="8">玉米锈病用15%三唑酮可湿性粉剂500倍液，或25%吡唑醚菌酯可湿性粉剂800倍液，10天喷一次，连续防治2 ~ 3次。玉米长势过旺时用250克/升甲哌鎓水剂300 ~ 500倍液全株均匀喷雾，适度控制株高，增强抗倒能力。同时注意抗旱防涝。</td></tr>
</table>